fir+iaw

Forschung für die Praxis • Band 41

Berichte aus dem
Forschungsinstitut für Rationalisierung (FIR)
und dem Lehrstuhl und Institut
für Arbeitswissenschaft (IAW)
der Rheinisch-Westfälischen
Technischen Hochschule Aachen

Herausgeber:
Univ.-Prof. em. Dr.-Ing. R. Hackstein

F. Frhr. v. Loeffelholz

Qualität von PPS-Systemen

Ein Verfahren zur Analyse des Informationsgehaltes

Mit 50 Abbildungen

Springer-Verlag
Berlin Heidelberg New York
London Paris Tokyo
Hong Kong Barcelona
Budapest

Dipl.-Ing. Friedrich Freiherr von Loeffelholz
Wissenschaftlicher Mitarbeiter im Forschungsinstitut für Rationalisierung an der Rheinisch-Westfälischen Technischen Hochschule Aachen

Univ.-Prof. em. Dr.-Ing. Rolf Hackstein

Bis zu seiner Emeritierung am 30.6.90 Inhaber des Lehrstuhls und Direktor des Instituts für Arbeitswissenschaft, Direktor des Forschungsinstituts für Rationalisierung an der Rheinisch-Westfälischen Technischen Hochschule Aachen

D 82 (Diss. TH Aachen)

Entwicklung eines Verfahrens zur Prüfung der Datenqualität von PPS-Systemen auf der Grundlage ihres mittleren Informationsgehaltes

ISBN-13:978-3-540-54181-3 e-ISBN-13:978-3-642-84540-6
DOI: 10.1007/978-3-642-84540-6

Gesamtherstellung:
Becker-Kuns · Druck + Verlag GmbH · Peliserkerstr. 86 · 5100 Aachen · Tel. 0241 / 153767
2160 / 3020-543210

Vorwort des Herausgebers

Die Mechanisierung und Automatisierung der industriellen Produktion hat in den vergangenen Jahren weiter ständig zugenommen. Begriffe wie "Flexible Fertigungssysteme", "Robotereinsatz" oder "CNC-Maschinen" sind einige Deskriptoren dieser Entwicklung. Mit steigender Komplexität der eingesetzten Anlagen, Maschinen und Verfahren erhöhen sich auch die Anforderungen an die Organisation des Zusammenwirkens von Mensch, Betriebsmittel und Material. Die Beherrschung und Verbesserung dieser Ablauforganisation wird mehr und mehr zum entscheidenden Faktor für einen erfolgreichen Einsatz moderner Produktionstechnologien.

Die Ablauforganisation in den Fabriken der Zukunft wird vom Einsatz der Informationstechnik geprägt sein. Einen der Anwendungsschwerpunkte der Informationstechnik in der Ablauforganisation von Produktionsbetrieben bildet der Einsatz von Informationssystemen für die Planung und Steuerung von Produktionsabläufen einschließlich des Transportes und der Lagerung.

Der Erfolg solcher Informationssysteme ist in besonderem Maße davon abhängig, wie gut es gelingt, bei der Entwicklung und beim Einsatz der Systeme gleichermaßen sowohl die technisch-organisatorischen als auch die humanen (arbeitswissenschaftlichen) Aspekte zu berücksichtigen. Während sich die technologische Entwicklung nämlich auf dem Hardware-Sektor äußerst rasant vollzieht, ist zu beachten, daß zwischen der durch die Hardware gebotenen Möglichkeiten und der durch entsprechende Anwendungen eine immer größere Lücke entsteht, die als "Software-Lücke" bezeichnet wird.

Erfolge beim betrieblichen Einsatz können weiterhin aber auch nur dann erreicht werden, wenn der Mensch die oben genannten Informationssysteme akzeptiert. Das aber gelingt nur, wenn der Mensch die sich ergebenden Veränderungen positiv bewältigen kann. Da bisher zu wenig Beweglichkeit, Einfallsreichtum und Flexibilität bei der Entwicklung neuer Bedingungen für die Gestaltung der Arbeitszeit, des Arbeitsplatzes, des Arbeitskräfteeinsatzes, der Arbeitsorganisation und ähnlichem festzustellen ist, zeigt sich hier eine zweite, immer größer werdende Lücke, die vielfach als "Akzeptanzlücke" bezeichnet wird und die in ihren negativen Auswirkungen der "Software-Lücke" sicherlich nicht nachsteht.

Darüber hinaus ist es heute im Hinblick auf die Wirtschaftlichkeit von Neuen Technologien noch allzu häufig üblich, daß man unter der Forderung nach "geringeren Kosten" vorzugsweise "geringere Produktionskosten" und unter "höherer Leistung" vorzugsweise "höhere menschliche Anstrengungen" versteht. Es erhebt sich aber vor dem Hintergrund der Massenarbeitslosigkeit die Frage, inwieweit man heute Neue Technologien als Ersatz für Alte Technologien vorzugsweise durch Reduzierung der Personalkosten anstreben muß und man höhere Leistung vorzugsweise nur durch Erhöhung der menschlichen Anstrengung erreichen kann.

Industrielle Führungskräfte sollen hingegen wissen, daß gerade die mit dem Begriff des Computers verbundenen Neuen Technologien so gestaltbar sind, daß dem Menschen nicht höhere Anstrengungen zugemutet wird, sondern der Computer die Arbeit des Menschen so unterstützen kann, daß das Leistungsergebnis - und darauf kommt es ja an - verbessert wird. Es ist folglich zu prüfen, welche Neuen Technologien geeignet sind, sowohl die Wirtschaftlichkeit zu steigern, als auch den Personalfreisetzungseffekt zu vermeiden.

Die Arbeiten der beiden vom Herausgeber bis 1990 geleiteten Institute, des Forschungsinstitutes für Rationalisierung (FIR) an der RWTH Aachen und des Lehrstuhls und Institutes für Arbeitswissenschaft (IAW) der RWTH Aachen, sind vor diesem Hintergrund darauf gerichtet, Beiträge zur Schließung der angezeigten Lücken und zur Realisierung der genannten Forderungen zu leisten. Zur Umsetzung gewonnener Erkenntnisse wird die Schriftenreihe "FIR-IAW-Forschung für die Praxis" herausgegeben. Der vorliegende Band setzt diese Reihe fort. Die bisher erschienenen Titel sind am Schluß dieses Bandes aufgeführt.

Dem Verfasser danke ich für die geleistete Arbeit, dem Verlag für die Aufnahme dieser Schriftenreihe in sein Programm und allen anderen Beteiligten für ihren Beitrag zum Gelingen des Bandes.

Rolf Hackstein

Inhaltsverzeichnis

1. Einleitung und Zielsetzung

Der Einsatz von EDV-gestützten Systemen zur Produktionsplanung und -steuerung (PPS) hat seit Anfang der achtziger Jahre eine stürmische Verbreitung erfahren. Das betrifft sowohl viele Neuentwicklungen als auch die Anzahl der betrieblichen Installationen (ROOS/ FÖRSTER/v. LOEFFELHOLZ 1988, S. 133). Seit Mitte der achtziger Jahre wurde die Verbreitung von PPS-Systemen durch die heftige Diskussion um CIM (Computer Integrated Manufacturing), für welches die PPS allgemein als Kristallisationskern angesehen wird, noch verstärkt (vgl. HELBERG 1987, S. 9 ff.). Diese Entwicklung hatte im wesentlichen zwei Ursachen. Erstens wurde das Preis/Leistungsverhältnis der Hardware, auf der solche Systeme lauffähig sind, immer günstiger und zweitens wird die Software, die unter der Bezeichnung "PPS-Systeme" angeboten wird, zunehmend preiswerter. Diese Trends werden weiterhin anhalten.

Nach einer anfänglichen Euphorie hinsichtlich der versprochenen Rationalisierungspotentiale macht sich bei vielen Anwendern jedoch zunehmend eine gewisse Skepsis breit. Die in die Systeme gesteckten Erwartungen wurden bisher nicht ausreichend erfüllt (HACKSTEIN 1990, S. 50). Eine wesentliche Ursache dafür liegt in der heute immer noch weit verbreiteten Auffassung, PPS-Systeme würden sich im wesentlichen nur aus den beiden Komponenten Hard- und Software (siehe Abbildung 1) zusammensetzen (vgl. BRIEF 1884, S. 46).

Erst langsam dringt in das allgemeine Bewußtsein, daß die Anwender selbst, also die Komponente Mensch, einen sehr wesentlichen, wenn nicht den entscheidenden Beitrag zum Gelingen einer PPS-Lösung leisten (ESSER 1990, S. 94 ff.). Aber selbst wenn alle erforderlichen Maßnahmen hinsichtlich der Überwindung von Akzeptanzproblemen, Schulung der Systeme etc. erfüllt sind, dann ist dies immer noch keine Garantie für das dauerhafte Gelingen einer PPS-Lösung. Dies liegt an der Tatsache, daß die vierte Komponente von PPS-Systemen, nämlich die Daten der PPS, immer noch ein Schattendasein im Bewußtsein der Anwender fristet (VORSPEL-RÜTER 1990, S. 79 ff.).

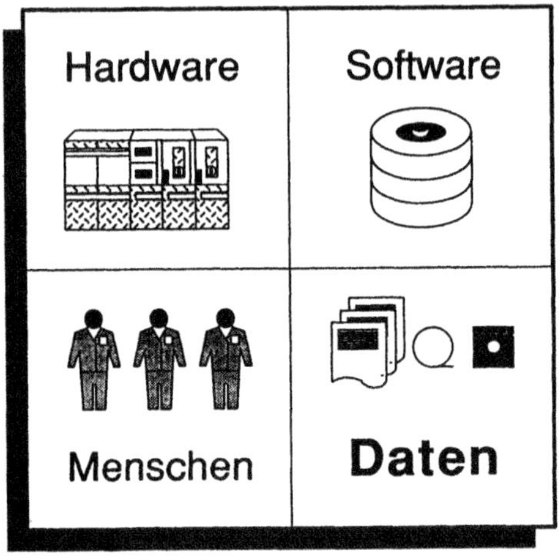

Abb. 1: Komponenten der PPS

Anders als in den siebziger Jahren, als die Werte einzelner Daten isoliert in ihrer Auswirkung untersucht und optimiert wurden, stehen die Daten der PPS-Systeme in einem systembegründeten, integrierten, ganzheitlichen und von einander abhängigen Zusammenhang. Es tritt mit dem Einsatz von PPS-Systemen die Bedeutung einzelner Daten immer mehr in den Hintergrund. Die Daten von PPS-Systemen müssen zunehmend in ihrer Gesamtheit betrachtet werden. Daher wird überall dort, wo die Mangelhaftigkeit der PPS-Daten als Ursache für das Scheitern erkannt wurde, höhere Datenqualität insgesamt gefordert.

Die laufende Pflege der Gesamtheit aller Daten, die beim Einsatz von PPS-Systemen benötigt werden, bereitet den Anwendern jedoch in ihrer Fülle und Vielfalt erhebliche Probleme (vgl. BORN 1988, S. 28). Die Menge der Daten erreicht und überschreitet in vielen Fällen die Grenze des von den Nutzern Verarbeitbaren bei weitem. Sie sehen sich zunehmend von einer nicht mehr zu bewältigenden Datenflut überschwemmt (vgl. MEINBERG 1989, S. 20). Zur Eingabe und Pflege muß ein außerordentlich hoher Aufwand getrieben werden. Wegen der vielen Abhängigkeiten, die die Daten mit zunehmendem Integrationsgrad untereinander haben, steigen die Kosten zur Datenpflege mit dem Anwachsen des Datenvolumens progressiv an (siehe

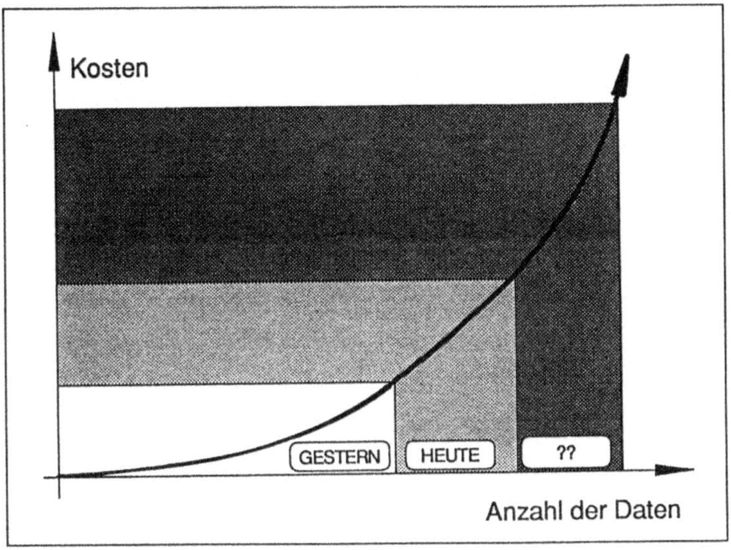

Abb. 2: Datenkosten (ANKLAM 1989, S.13)

Abbildung 2). Es bleibt den Sachbearbeitern kaum Zeit, alle erforderlichen Daten ständig auf ausreichend hohem Qualitätsniveau zu halten (vgl. ANKLAM 1989, S. 13), woraufhin die Datenqualität des Systems weiter sinkt.

Daher stellt sich den Anwendern zunehmend die Frage, mit welchem Genauigkeitsgrad ein Betrieb mit seinen Abläufen in einem PPS-System abgebildet werden soll. Denn trotz der großen Datenfülle fühlen sich viele Anwender nicht hinreichend oder gar schlecht informiert (vgl. SCHMIDHÄUSLER 1989, S. 71). Bei schlechter Abbildung der Realität wird den Vorgaben des Systems kein Vertrauen entgegengebracht. Der Nutzen und die erhoffte Rationalisierung durch den PPS-Einsatz geht zurück. Ohne insgesamt hinreichend gute Datenqualität können die Systeme dem Informationsbedarf der Nutzer nicht genügen.

Damit steht die Datenqualität in direktem Zusammenhang mit dem Informationsgehalt der Systeme. Um prüfen zu können, inwieweit ein System dem Anspruch der Nutzer genügt, hinreichend informiert zu werden, fehlt bis heute ein geeignetes und praktikables Verfahren, mit Hilfe dessen die Qualität dieser Abbildung und Darstellung der betrieblichen Realität vor dem Hintergrund der Nutzeranforderungen bemessen werden kann. Daher ist es das Ziel der hier vorliegenden Arbeit, ein Verfahren zu entwickeln, mit dem geprüft werden kann, inwieweit die Gesamtheit der Daten eines PPS-Systemes den Anforderungen der Nutzer gerecht wird, zweckorientiert Informationen zu liefern.

2. Begriffsdefinitionen und Abgrenzung

Zunächst werden die für die nachfolgenden Ausführungen grundlegenden Begriffe definiert und gegen solche abgegrenzt, die keine Verwendung finden. Im Mittelpunkt der Arbeit steht der Begriff der "Datenqualität". Diese soll im Zusammenhang mit PPS-Systemen überprüft werden. Es wird daher zuerst der Begriff der Produktionsplanung und -steuerung (PPS) betrachtet. Danach wird die Datenqualität auf Basis informationstheoretischer Erkenntnisse definiert. Schließlich werden Begriffe zur Verfahrensseite, also aus dem Bereich der Qualitätssicherung, definiert.

2.1 Produktionsplanung und -steuerung (PPS)

Ein **PPS-System** ist nach HACKSTEIN (1989, S. 5) ein rechnergestütztes System zur mengen-, termin- und kapazitätsgerechten Planung, Veranlassung und Überwachung der Produktionsabläufe. Die daraus resultierende Aufteilung der PPS in Teilgebiete und Funktionsgruppen ist in der Abbildung 3 dargestellt.

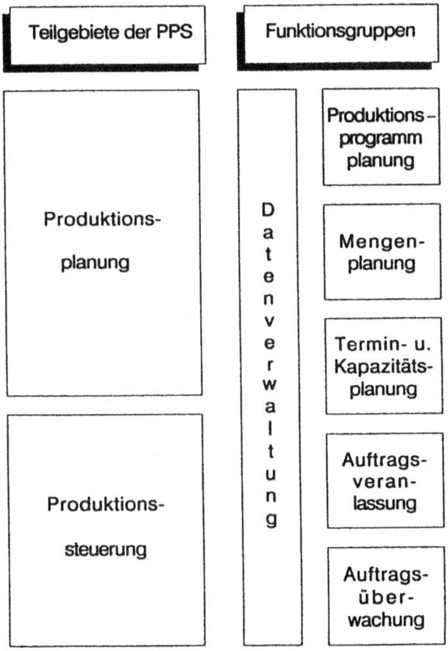

Abb. 3: Hauptfunktionen der PPS (HACKSTEIN 1989, S. 5)

Ausgehend von dieser Definition lassen sich die Ziele **Bestandssenkung**, **Termintreue** und **Kapazitätsauslastung** ableiten. Die gleichzeitige Optimierung dieser Ziele ist nicht möglich. Dies wird von HACKSTEIN (1989, S. 18) als das Polylemma der Ablaufplanung bezeichnet. Darüber hinaus ist die Zielerreichung permanent mehr oder weniger starken Störungen ausgesetzt, weshalb jeweils nur ein

Suboptimum der genannten Ziele erreicht werden kann.

Um die Vielzahl der Störungen durch geeignete Maßnahmen frühzeitig abfangen zu können, müssen die Entscheidungsträger laufend über das Betriebsgeschehen informiert werden. Dazu bietet sich eine rechnerunterstützte, virtuelle Abbildung der realen Verhältnisse an. Dabei ist man bestrebt, die PPS als Regelkreis (siehe Abbildung 4) auszulegen (vgl. HACKSTEIN 1988, S. 29; WARNECKE 1989, S. 110 ff.). Der operative betriebliche Produktionsprozeß wird dabei als Regelstrecke, die Produktionsplanung als Führungsgröße und die Produktionssteuerung mit ihren optimierenden dispositiven Entscheidungen als Regler betrachtet (vgl. DIETRICH 1988, S. 459).

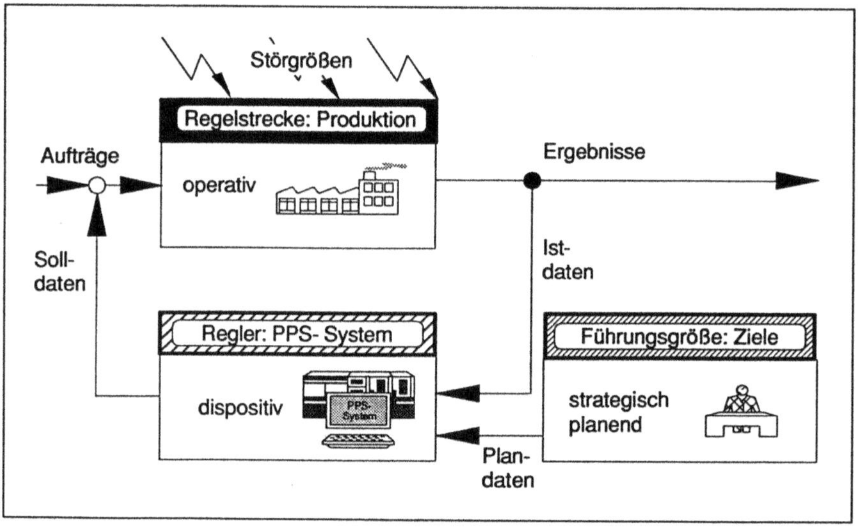

Abb. 4: PPS-Regelkreis (in Anlehnung an HACKSTEIN 1988, S. 34)

Die PPS wird heute zunehmend als Kristallisationskern von CIM angesehen (vgl. HACKSTEIN 1985, S. 15; SPUR 1985, S. 14; EVERSHEIM/BRACHTENDORF 1987, S. 50). Die klare Abgrenzung zu anderen CIM-Komponenten (siehe Abbildung 5) gestaltet sich schwierig. Da weithin unklar ist, welchen Teilsystemen die Daten zuzuordnen sind, kann diese Abgrenzung nur individuell vorgenommen werden. Eine sinnvolle Abgrenzung läßt sich also nur im jeweiligen Anwendungsfall festlegen.

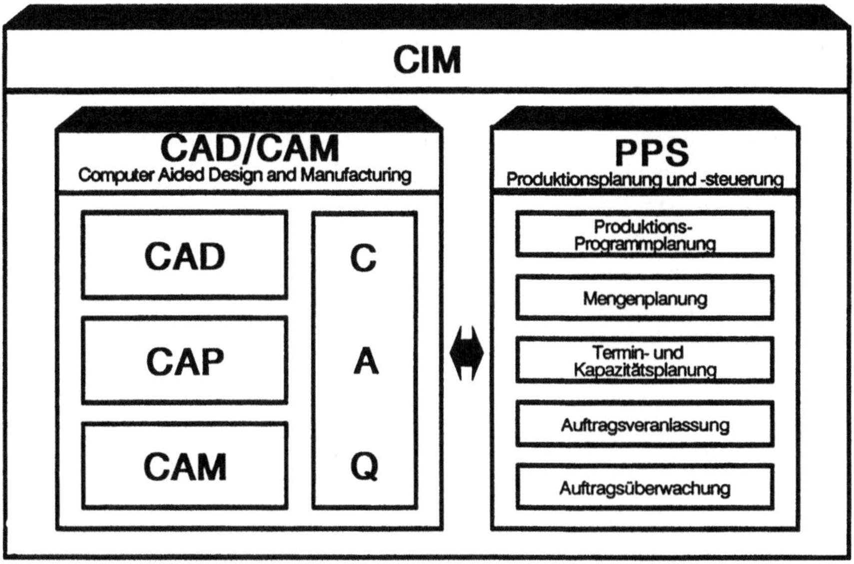

Abb. 5: Stellung der PPS im Rahmen von CIM (AWF 1985, S. 10)

2.2 Definition der Datenqualität

Zur Definition des zusammengesetzten Begriffs "**Datenqualität**" ist es zweckmäßig, sich zunächst separat mit den Begriffen "**Qualität**" und "**Daten**" auseinanderzusetzen. DIN 55350 (1987, Teil 11) definiert "Qualität" als die "**Beschaffenheit einer Einheit bezüglich ihrer Eignung, festgelegte und vorausgesetzte Erfordernisse zu erfüllen.**" Dabei kann die Einheit ein materieller oder immaterieller Betrachtungsgegenstand sein. Übertragen auf die Qualität von Daten ist der Betrachtungsgegenstand eindeutig immaterieller Art. Seine Beschaffenheit wird durch Merkmale beschrieben. Die festgelegten und vorausgesetzten Erfordernisse an Daten lauten, zu informieren und anhand von Informationen Entscheidungen zu unterstützen. Diese Anforderung wird auch in der Definition des Begriffes "Daten" deutlich.

Daten sind gemäß DIN 44300 (1988, Teil 2) definiert als: "**Gebilde aus Zeichen oder kontinuierliche Funktionen, die aufgrund bekannter oder unterstellter Abmachungen Informationen darstellen, vor-**

rangig zum Zweck der Verarbeitung oder als deren Ergebnis." Daten sollen also verarbeitbar sein. Verarbeitbarkeit umfaßt die Durchführung mathematischer, umformender bzw. verknüpfender, übertragender und speichernder Operationen (vgl. DIN 44302, 1987). In PPS-Systemen spielen die verknüpfenden, übertragenden und speichernden Operationen eine herausragende Rolle. Daher werden PPS-Systeme eher als Informationssysteme und weniger als Berechnungssysteme betrachtet (vgl. PERSCHBACHER 1989, S. 28). Informationssysteme bestehen aus den Elementen Dateneingabe, Datenverarbeitung und Datenausgabe (siehe Abbildung 6). Dieser Aufbau entspricht dem eines Kommunikationssystems.

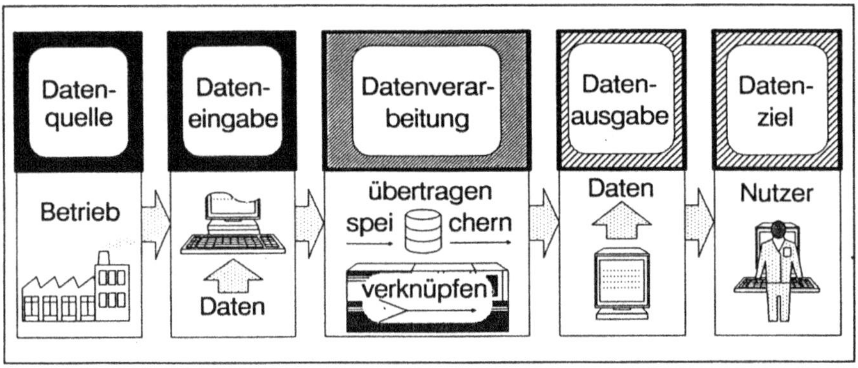

Abb. 6: Schema des Aufbaus von Informationssystemen (vgl. SHANNON/WEAVER 1976, S. 21)

Überträgt man dieses Schema eines allgemeinen Informationssystems auf PPS-Systeme, dann fungiert der Betrieb selbst als Datenquelle bzw. als Sender. In Form von Daten werden die Informationen im PPS-System verarbeitet, also maschinell gespeichert, verknüpft und übertragen. An einem Ausgabegerät werden die Daten gegenüber einem Empfänger dargestellt. Empfänger sind in diesem Modell die Nutzer, welche auf Basis der Daten dispositive Entscheidungen fällen. Die Forderung der Entscheidungsunterstützung führt zur Frage des Entscheidungsgehalts von Daten (vgl. HARTLEY zitiert bei HENZE/HOMUTH 1974, S. 17). Zur Bemessung der Qualität der Daten eines Informationssystems reicht die Analyse des Entscheidungsgehaltes nicht aus. Um den **Informationsgehalt I** von Daten bewerten zu können, ist nach SHANNON (1948) die Wahrscheinlichkeit, wie oft auf Daten zugegriffen wird, zu berücksichtigen. Ein Datum, dessen

Inhalt bekannt ist, liefert keine Information. Ein einzelnes Datum für sich alleine hat jedoch noch keinen Entscheidungsgehalt. Um den Nutzern von PPS-Systemen Entscheidungsunterstützung zu liefern, muß Wahlfreiheit zwischen mehreren Daten gegeben sein.

Die Information eines PPS-Systems setzt sich zusammen aus der Summe der Informationsgehalte der einzelnen Daten dieses Systems. Daher ist es nach SHANNON (1948) erforderlich, den **mittleren Informationsgehalt I_m** mehrerer Daten zu definieren. **Die Datenqualität eines PPS-Systems kann gemessen werden als das Maß des von dem System gelieferten mittleren Informationsgehaltes unter Berücksichtigung des dazu erforderlichen Datenvolumens.** Der Entscheidungs-, der Informations- und der mittlere Informationsgehalt sind quantifizierbare Größen. Darauf wird im vierten Kapitel eingegangen werden. Ebenso wird der Bezug der Definition der Datenqualität als mittlerer Informationsgehalt eines PPS-Systemes stärker herausgearbeitet und damit deutlicher werden. Zunächst wird der Begriff "Daten" anhand einiger Klassifikationsmerkmale genauer gefaßt.

2.3 Abgrenzung des Begriffes Daten

Die Klassifikationsmerkmale, mit denen Daten beschrieben werden können, beziehen sich auf Struktur, Funktion, Aufgabe, Bezug, zeitliche Variabilität, Stellung, Charakter und Aufbau von Daten. Eine Klassifikation kann in Anlehnung an HANSEN zitiert bei HACKSTEIN (1989a, S. 119) gemäß Abbildung 7 vorgenommen werden. Erläuternde Beispiele zu den Datenklassen finden sich im Anhang 13.1.

Daten werden üblicherweise Strukturebenen zugeordnet. Entsprechend ihrer **Struktur** unterscheidet DWORATSCHEK (1977) vier Strukturebenen: Datenfeld, Datensatz, Datei und Datenbank. Sofern alle vier Strukturebenen gemeint sind, wird der allgemeine Begriff "Daten" benutzt. Wenn nur eine Strukturebene angesprochen wird, dann wird die entsprechende Bezeichnung eingesetzt.

Das Merkmal **Funktion** von Daten innerhalb eines PPS-Systems beschreibt die Stellung der Daten im Planungs- und Steuerungsprozeß. Entsprechend des in Abbildung 4 dargestellten Regelkreises der PPS

Merkmal	Merkmalsausprägung			
Struktur	Datenfeld	Datensatz	Datei	Datenbank
Funktion	planend	operativ	dispositiv	
Aufgabe	identifizierend	qualifizierend	quantifizierend	steuernd
Bezug	System	Betrieb		
Variabilität	auftragsabhängig	auftragsunabhängig		
Stellung	Eingabe	Referenz	Ausgabe	
Darstellung	alphabetisch	numerisch	alphanumerisch	
Aufbau	formatiert	unformatiert		

Abb. 7: Datenklassifikation (in Anlehnung an HANSEN 1985, S. 102)

wird zwischen Plan-, Ist- und Solldaten unterschieden (vgl. MARTIN 1987, S. 58 u. NILSSON 1989, S. 30).

Die **Aufgabe** im Datenverarbeitungsprozeß gibt an, welche Aufgabe Datenfelder erfüllen. Identifizierende Datenfelder dienen dem programmtechnischen Zugriff. Qualifizierende Datenfelder beschreiben die betrieblichen Objekte. Quantifizierende Datenfelder evaluieren Eigenschaften von Objekten. Sie unterliegen Wertschwankungen. Diese Datenfelder werden daher besonders zu prüfen sein. Steuernde Datenfelder veranlassen Programmoperationen. Sie haben fest definierte Schlüsselwerte.

Die Programme von PPS-Systemen geben systemseitig Datenfelder vor. Diese sind im vorhinein festgelegt und haben eine feste Bezeichnung. Sie stellen das Raster zur Beschreibung der vom Anwender in Form von Datensätzen erfaßten betrieblichen Objekte dar. Änderun-

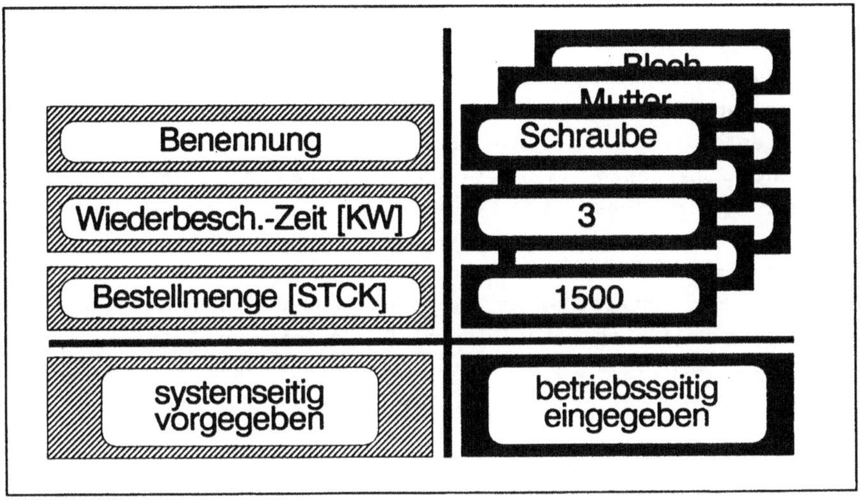

Abb. 8: Unterscheidung systemseitige/betriebliche Datenfelder

gen der von den Programmen vorgegebenen Datenfelder können nur durch Programmanpassungen vorgenommen werden. Ihren Inhalt erhalten die systemseitigen Datenfelder durch die Eingabe von Werten, die direkten **Bezug** zu betrieblichen Objekten besitzen. Daher wird zwischen den Merkmalsausprägungen **system-** und **betriebsseitig** unterschieden (siehe Abbildung 8). Diese Unterscheidung wird im weiteren Verlauf der Arbeit immer wieder zur Gliederung herangezogen. Durch entsprechende Schraffur wird in den Abbildungen dieser Unterschied hervorgehoben. Um die nachfolgenden Ausführungen nachvollziehen zu können, ist es erforderlich, sich die Unterscheidung in systemseitige und betriebliche Datenfelder laufend zu vergegenwärtigen.

Die bisherigen Klassen beruhen ausschließlich auf Datenmerkmalen ohne einen zeitlichen Bezug. Ein Maß für die zeitliche Abhängigkeit der Daten von betrieblichen Ereignissen oder Zuständen ist die **Variabilität**. In der Praxis wird der Grad der zeitlichen Abhängigkeit häufig auch anhand der Begriffe Stamm- und Bewegungsdaten umschrieben (vgl. SCHWETZ 1990, S. 183). Eine zeitliche Abhängigkeit in Form von Terminen besteht bei auftragsabhängigen Daten. Bei auftragsunabhängigen Daten ist ein solcher Terminbezug nicht gegeben (ROSCHMANN 1980, S. 25).

Die nachfolgenden Merkmale werden im weiteren Verlauf nicht weiter verwendet. Sie dienen lediglich der Abgrenzung. Bezüglich der **Stellung** unterscheidet man Eingabe-, Referenz- und Ausgabedaten. Referenzdaten sind interne Daten des PPS-Systems. Die **Darstellung** der Datenfelder betrifft die Art der verwendeten Zeichen. Kontinuierliche Funktionen (z.B. Graphik) können bei den derzeit im Einsatz befindlichen PPS-Systemen ausgeschlossen werden (ROOS 1990, S. 112 ff.). PPS-Daten bestehen fast ausschließlich aus dem Zeichensatz des American Standard Code for Information Interchange (ASCII). Man unterscheidet zwischen alphabetischen, numerischen und alphanumerischen Datenfeldern. Der **Aufbau** von Daten ist entweder formatiert oder unformatiert. Mit Ausnahme der Textdateien handelt es sich bei PPS-Daten immer um formatierte Daten.

Die bisherigen Definitionen beziehen sich ausschließlich auf die Daten von PPS-Systemen, die hinsichtlich ihres mittleren Informationsgehaltes überprüft werden sollen. Nicht behandelt wurden Definitionen zu der Verfahrensseite zur Qualtätsprüfung im Rahmen der Qualitätssicherung. Auf diese soll nun eingegangen werden.

2.4 Qualitätssicherung

Bei der Qualititätsprüfung der Daten eines PPS-Systems handelt es sich um eine Hauptfunktion der Qualitätssicherung. Diese besteht aus den drei Hauptfunktionen (siehe Abbildung 9) Qualitätsplanung, -prüfung und -lenkung (EVERSHEIM/PFEIFER 1988). Um das zu entwikkelnde Verfahren in die Qualitätssicherung eingliedern und abgrenzen zu können, werden die einzelnen Funktionen der Qualitätssicherung kurz erläutert. Die nachstehenden Definitionen sind alle DIN 55 350 Teil 11 (1987) entnommen.

Die **Qualitätssicherung** umfaßt die Gesamtheit der Tätigkeiten der Qualitätsplanung, der Qualitätsprüfung und der Qualitätslenkung. Die **Qualitätsplanung** umfaßt das Auswählen, Klassifizieren und Gewichten der Qualitätsmerkmale. Die **Qualitätsprüfung** stellt fest, inwieweit eine Einheit die Qualitätsforderungen erfüllt. Die **Qualitätslenkung** beinhaltet vorbeugende, überwachende und korrigierende Tätigkeiten im Zusammenhang mit dem Ziel, die Qualitätsforderungen zu erfüllen.

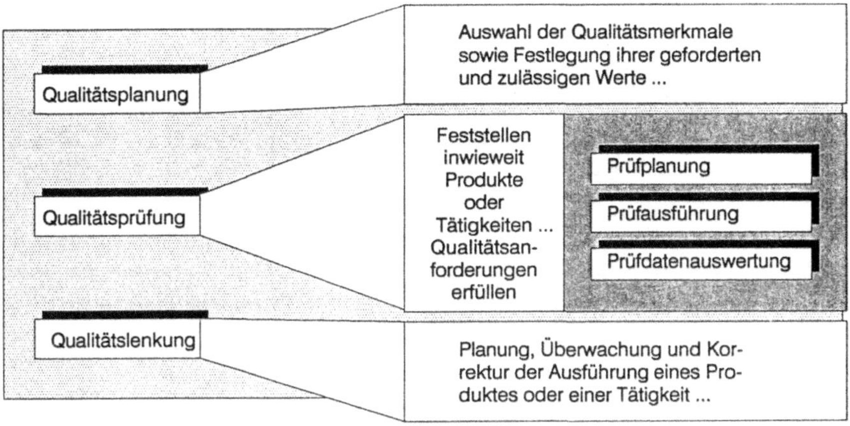

Abb. 9: Hauptfunktionen der Qualitätssicherung (EVERSHEIM/ PFEIFER 1988, S. V2/8)

Qualitätsprüfungen werden für Prüfmerkmale durchgeführt. Es muß festgelegt sein, auf welche Merkmale sich die Prüfung bezieht und welche Konkretisierungsstufen der Qualitätsforderungen maßgeblich sind. Die Festlegung der Prüfmerkmale, abgeleitet aus den Qualitätsmerkmalen, ist Gegenstand von Kapitel 5. Die Qualitätsprüfung setzt sich aus den Teilfunktionen Prüfplanung, -durchführung und -datenauswertung zusammen. Im Rahmen der Prüfplanung werden die technischen und organisatorischen Voraussetzungen für die Qualitätsprüfung geschaffen. Sie besteht in der Hauptsache aus der Prüfplanerstellung, der Prüfumfangsbestimmung und der Prüfmittelauswahl. Auf diese Teilfunktionen wird in den Kapiteln 6., 7. und 8. eingegangen. Die Prüfausführung und die -datenauswertung werden in Kapitel 9. behandelt.

Eine wesentliche Einschränkung für das vorliegende Verfahren ergibt sich dadurch, daß die zu formulierenden Prüfmerkmale im Gegensatz zu den Qualitätsmerkmalen sich nur auf die in einem PPS-System vorhandenen Daten beziehen können. Es können bei der Prüfung der Datenqualität von PPS-Systemen also nicht Daten geprüft werden, die nicht in einem System eingegeben sind. Auf die Hauptfunktionen der Qualitätslenkung in Form von vorbeugenden, überwachenden und korrigierenden Tätigkeiten, verbunden mit dem Ziel, die Qualitätsforderungen zu erfüllen, soll im Rahmen des hier vorliegenden Verfahrens nicht weiter eingegangen werden.

3. Stand der Forschung

Entsprechend des oben gezeigten Aufbaus von Informationssystemen kann man den Stand der Forschung zur Datenqualität von PPS-Systemen in die drei Qualitätsbereiche der Dateneingabe, -verarbeitung und -ausgabe untergliedern. Die Dateneingabeseite von PPS-Systemen wird üblicherweise mit dem Begriff **Betriebsdatenerfassung** (BDE) umschrieben. Arbeiten, die die Qualität der Datenverarbeitung behandeln, finden sich unter der Bezeichnung **Softwarequalität**. Schließlich befaßt sich der Bereich der **Softwareergonomie** mit der Darstellung von Daten auf der Ausgabeseite.

3.1 Qualität der Betriebsdatenerfassung

Voraussetzung für jegliche Art einer Abbildung der betrieblichen Realität in dem Modell eines PPS-Systems ist die Erfassung von Daten. Um zu richtigen Planungsergebnissen gelangen zu können, müssen die Daten korrekt in einem PPS-System erfaßt werden.

Der große Einfluß der korrekten Erfassung auf die Wirksamkeit einer EDV-gestützten Ablauforganisation ist schon lange bekannt. Bereits Anfang der achziger Jahre entwickeln PETERMANN und SELL (1981, S. 881-888) ein Instrumentarium zur Analyse der Wirksamkeit EDV-gestützter Fertigungssteuerungssysteme (FANAL). Voraussetzung für die Anwendung dieses Verfahrens ist eine Beurteilung der Datenqualität von Fertigungsauftragsdaten nach Aktualität, Vollständigkeit, Verträglichkeit und Gültigkeitsbereich. Das Instrumentarium beschränkt sich auf die Daten der Fertigstellung eines Arbeitsvorganges, die Arbeitsplätze, sowie die identifizierenden Daten für Kunden-, Fertigungsaufträge und Arbeitsvorgänge.

Zur Verbesserung der Abbildung der betrieblichen Realität in PPS-Systemen werden immer wieder Betriebsdatenerfassungssysteme (BDE-Systeme) empfohlen. Die Daten können entweder an einem PPS-Terminal oder aber über eigens dafür geschaffene BDE-Geräte erfaßt werden. Die Vielfalt der erfaßbaren Daten ist bei BDE-Terminals eingeschränkt. Es stehen die Rückmelde- und Personendatenerfassung im Vordergrund (vgl. BÄUERLE 1988, S. 40). BALZER (1989, S. 111) unterscheidet daher bei den Betriebsdaten lediglich zwischen den

Auftrags- und Personaldaten. Er stellt als Gründe zur Einführung eines BDE-Systems die Verbesserung der Aktualität, Richtigkeit, Vollständigkeit und Transparenz in den Vordergrund.

Für die Verbesserung der Datenqualität schlägt ROSCHMANN (1979, S. 123) eine formale und logische Prüfung der eingegebenen Daten vor. Die formale Prüfung deckt die formale Richtigkeit der Datenfelder ab, d.h. die eingegebenen Datenfelder müssen vom Zeichenumfang her vollständig sein und die Kombination der Zeichenarten - numerisch/ alphabetisch - muß mit der vorgegebenen übereinstimmen (vgl. MEYNERT/KURBEL 1986, S. 47). Die hier vorgeschlagene logische Prüfung bezieht sich auf bereits im System vorhandene Daten.

Nach EVERSHEIM (1980, S. 122) hängt die Planungsgenauigkeit der Arbeitssteuerungstätigkeiten in hohem Maß von der Aktualität der zur Verfügung gestellten Ist-Daten ab. Daher mißt er dem Einsatz von Betriebsdatenerfassungsgeräten und -systemen eine zunehmende Bedeutung im Produktionsprozeß bei.

Die wohl umfangreichste Arbeit im Zusammenhang mit der Verbesserung der Datenqualität auf der Dateneingabeseite wurde von KITTEL (1983) erstellt. Er schlägt vor, die Aktualisierung von Planungsdaten durch laufende Betriebsdatenerfassung und -auswertung zu erreichen. Er entwickelt dazu das Verfahren TOPAS (Terminal-orientiertes Planungsdaten-Aktualisierungs-System). Das Verfahren setzt ein umfangreiches BDE-System voraus, mit dessen Hilfe die zu aktualisierenden Daten ständig erfaßt werden. Die Daten werden gespeichert und als Vergangenheitsdaten über Prognoseverfahren ausgewertet. Da es in der Praxis aus rechentechnischen Gründen nicht möglich ist, alle Plandaten den realen Verhältnissen laufend anzupassen, beschränkt sich KITTEL (1983, S. 66) auf neun verschiedene Daten, die anhand des Verfahrens aktualisiert werden. Damit reduziert sich das Verfahren auf nur einen sehr kleinen Ausschnitt der in PPS-Systemen vorhandenen Daten. Auch HOFF (1986, S. 2 ff.) beschränkt sich bei den Auswirkungen schlechter Datenqualität für PPS-Systeme auf wenige Datenbereiche. Er weist speziell im Zusammenhang mit Sachnummern, unvollständigen Datensätzen, falschen Wiederbeschaffungszeiten und ungenauen Puffer-, Transport- und Liegezeiten auf erhebliche Probleme in der Praxis hin.

BRINKMANN sieht (1985, S. 7S-5) als Ursache mangelhafter Datenqualität neben einer unzureichenden Integration dezentraler Teilsysteme auch eine sehr unterschiedliche Prüfqualität der Programme bei der Datenerfassung. SCHOMBURG (1985, S. 5) stellt die drei Bedingungen Aktualität, Sicherheit und Vollständigkeit an die Betriebsdatenerfassung. Aus diesen drei Bedingungen leitet VIRNICH (1988, S. 117 f.) die Forderungen Aktualität, Fehlerfreiheit und Detailliertheit als Eigenschaften der Betriebsdaten ab.

HACKSTEIN (1989b, S. 236) stellt dieselben Forderungen an die Betriebsdatenerfassung. Er geht davon aus, daß die Datenerfassung eines BDE-Systems als Dateneingabe in On- statt in Off-Line-Kopplung effizienter ist, da im Off-Line-Betrieb lediglich formale Kontrollen, im On-Line-Betrieb dagegen auch Plausibilitätsprüfungen möglich sind. Für die Datenqualität im CIM-Verbund werden von SAUERBREY (1986, S. 5 ff.) die Merkmale Aktualität, Richtigkeit und Vollständigkeit genannt. Er geht im Vergleich zu anderen Autoren am ausführlichsten auf die genannten Merkmale der Datenqualität ein. So stellt er fest, daß es aus Aufwands- und Verarbeitungsgründen nicht zweckmäßig sein kann, diese Größen im Sinne einer Qualitätsverbesserung zu maximieren.

Den o. g. Arbeiten ist gemeinsam, daß eine hohe Datenqualität, umschrieben anhand einer Reihe von Merkmalen, als Grundlage einer effizienten Auftragsabwicklung gefordert wird. In welchen Bereichen eines Betriebes, nach welchen Kriterien und in welchem Maße eine Verbesserung angestrebt werden sollte, wird nicht behandelt. Daher fordert ANKLAM (1989, S. 11 ff.) eine sehr viel intensivere Auseinandersetzung mit der Datenqualität. Er schlägt vor, dazu eigens ein Datenmanagement einzusetzen, welches Vorgaben für die Aktualität erstellt, die Veralterungsmechanismen untersucht, einen "wohl dosierten" Umfang der Daten festlegt, etc.. Allen Arbeiten ist weiterhin die Forderung nach einer Verbesserung der Datenqualität bei der Datenerfassung gemeinsam.

3.2 Qualität der Datenverarbeitung

Hinsichtlich der Datenverarbeitung setzt sich die Mehrzahl der Arbeiten mit der Überprüfung der Qualität von Softwareprodukten auseinander. Es werden dazu Prüfmerkmale festgelegt und Vorgehensweisen für den Softwaretest entwickelt. Im folgenden wird zunächst auf Prüfmerkmale und dann auf Arbeiten, die vorrangig den Prüfablauf betreffen, eingegangen.

Grundlage für verschiedene Prüfmethoden zur Qualitätsprüfung von Softwaresystemen sind die von McCALL (1977) sowie YIN/WINCHESTER (1978), beide zitiert bei ÖSTERLE (1982, S. 18), aufgestellten Qualitätsmerkmale. Einen der ersten umfangreicheren Ansätze zur Prüfung von Softwareprogrammen auf der Basis dieser Merkmale als Teil der Qualitätssicherung von Software macht BISCHOFF (1982, S. 5 ff.). Er verwendet dazu die Merkmale Zuverlässigkeit, Benutzerfreundlichkeit, Effizienz, Flexibilität, Wartungsfreundlichkeit und Funktionsumfang.

Speziell für PPS-Systeme entwickelt BRIEF (1984) ein Verfahren zur Bewertung und Auswahl von PPS-Systemen (BAPSY). Unter Anwendung der Nutzwertanalyse erfolgt mit diesem Verfahren die Feinauswahl von PPS-Systemen. Das Verfahren prüft in einer überarbeiteten Fassung die funktionale Leistungsfähigkeit von Standardsystemen der PPS anhand von 209 Bewertungsmerkmalen (EMONTS/v. LOEFFELHOLZ/ROOS 1988). Bis auf die Detaillierungsebene einzelner Daten wird jedoch nicht gegangen. Über die rein funktionale Betrachtungsweise hinaus berücksichtigt MIESSEN (1989, S. 51) die Anpassungsfähigkeit von PPS-Systemen anhand des Anpassungsaufwandes als zusätzlichem Merkmal der Softwarequalität von PPS-Systemen.

SNEED (1983, S. 15 ff.) beurteilt die Softwarequalität anhand der Merkmale Verständlichkeit, Veränderbarkeit, Reproduzierbarkeit, Überschaubarkeit, Genauigkeit, Widerspruchsfreiheit und Vollständigkeit. Wie diese Merkmale im einzelnen bemessen werden sollten, wird nicht behandelt.

Eine detailliertere Vorgehensweise findet sich bei AUTORENKOLLEKTIV (1986). Die verwendeten Merkmale Änderbarkeit, Aktualität, Eindeutigkeit, Identifizierbarkeit, Normenkonformität, Verständlichkeit, Vollständigkeit und Widerspruchsfreiheit entsprechen in etwa denen von SNEED. Es werden jedoch zusätzlich in Form von Checklisten Empfehlungen zur Prüfung der Merkmale gegeben. Die erläuterten Prüfmethoden umfassen Einzel- und Gruppenprüfung (Review, Walk Through).

In den vorgenannten Arbeiten steht die Definition von Merkmalen im Vordergrund, anhand derer die Qualität von Software beurteilt werden soll. Eine andere Gruppe von Arbeiten stellt die Vorgehensweise und den Ablauf der Softwarequalitätsprüfung in den Mittelpunkt.

Nach DÖTTINGER (1988, S. 959 ff.) ist der Test von Programmen nach wie vor das wichtigste und wohl auch das bekannteste Verfahren der Software-Qualitätssicherung. Bei dem sog. "Black-Box-Test" werden die Programme mit Hilfe von Testdaten auf ihre Qualität hin untersucht. Die Verarbeitung der Daten in den Programmen steht im Vordergrund. Speziell für den Test von PPS-Systemen beschreibt v. LOEFFELHOLZ (1990, S. 43 ff.) eine detaillierte Vorgehensweise für die Prüfung der funktionalen Eignung dieser Systeme für spezielle Anwendungen.

Um die mit mangelhafter Softwarequalität verbundenen Probleme der Anwender zu reduzieren, initiierten führende Hard- und Software-Hersteller, die Technischen Überwachungsvereine, Unternehmensberater und Anwender die Gütegemeinschaft Software e.V. (vgl. HOHLER 1987, S. 2 ff.). Diese legen in DIN V 66285 und RAL-GZ 901 Vorgehensweise und Prüfmethoden zur Güte- und Prüfbestimmung für Anwendungs-Software fest.

Nach SCHWEIGGERT (1988, S.8 ff.) gewinnt durch die Neuregelung der Produzentenhaftung insbesondere auch die Software-Qualität ein stärkeres Gewicht. Man wird sich zunehmend mit den Fehlern der Software wie auch mit Benutzerfreundlichkeit und Pflegbarkeit auseinandersetzen müssen. Dies wird die Hersteller von Software dazu zwingen, sich aktiv um die Sicherung der Qualität ihrer Produkte zu kümmern.

In allen Arbeiten wird deutlich, daß der Qualitätssicherung von Software eine zunehmende Bedeutung beigemesssen wird. Es sind zur Prüfung von Software unterschiedliche Vorgehensweisen entwickelt worden. Bei der Softwarequalitätsprüfung steht die Funktionalität der Programme im Vordergrund. Sie wird anhand von Leistungsmerkmalen bewertet. Die Arbeiten bieten kaum Ansätze, wie die Qualität der Daten selbst zu prüfen ist.

3.3 Qualität der Datendarstellung

Neben der qualitativ hohen Verarbeitung der Daten spielt die Qualität der Darstellung von Daten gegenüber den Nutzern eine mindestens ebenso wichtige Rolle. Dazu müssen die korrekt erfaßten und verarbeiteten Daten für den erfolgreichen Einsatz eines Informationssystems gegenüber den Nutzern gut aufbereitet und leicht verständlich dargestellt werden. Mit diesen Fragen befaßt sich der Bereich der Softwareergonomie.

HACKSTEIN (1989b, S. 301) versteht unter Softwareergonomie die Anpassung von Informationsdarbietung und -aufbau an menschliche Denkprozesse und Handlungsvollzüge. Die vom Menschen benötigten Informationen werden in Form von Daten oft ihren Denkprozessen entsprechend mißverständlich und für ihre Handlungsvollzüge in einem ungewohnten Zusammenhang dargestellt. Daher werden gezielte Anforderungen in DIN 66 324 (1988) Teil 5: "Codierung von Information" und Teil 8: "Grundsätze ergonomischer Dialoggestaltung" formuliert. Die dort beschriebenen Anforderungen sind Aufgabenangemessenheit, Selbstbeschreibungsfähigkeit, Steuerbarkeit, Erwartungskonformität und Fehlerrobustheit.

Aus der Problemstellung mangelhafter Datendarstellung an Bildschirmarbeitsplätzen leitet HEEG (1988, S. 94 ff.) drei softwareergonomische Hauptforderungen ab. Erstens sollen die bisherigen Fähigkeiten sowie das bisherige Wissen der Nutzer zur Problem- und Aufgabenlösung herangezogen werden. Zweitens darf zum Einsatz neuer Technologien kein vertieftes EDV-Wissen erforderlich werden. Drittens sollen aus Gründen der Mitarbeiterakzeptanz bisherige Tätigkeitsstrukturen in der Nutzerschnittstelle abgebildet werden. Um mangelhaftes Verständnis für die dargestellten Daten zu reduzieren, empfiehlt FISCHER (1983, S. 43), Hilfssysteme mit Selbsterklärungsfähigkeit in die Software zu integrieren sowie auf Uniformität und Konsistenz der Daten zu achten. Er weist darauf hin, daß auf Visualisierungshilfen größter Wert gelegt werden sollte.

In der Literatur wird überwiegend vorgeschlagen, die Verständlichkeit durch graphische Aufbereitung der Daten zu verbessern. So stellen JUNKER/HEEG/SPIELER (1984, S. 134 ff.) Bildschirmarbeitsplätze für die Arbeitsvorbereitung, unterstützt durch graphische Aufbereitung, vor. ERIKSSON/LUND (1985) beschreiben ein Programm für die Reihenfolgeplanung auf Basis von Computergraphik. SCHUMACHER (1985) stellt ein graphisch orientiertes Kontrollsystem für Bestände und Durchlaufzeiten vor, das mit einer Kombination aus Personalcomputern und Mainframesystemen realisiert wird. HEEG und SCHREUDER (1986) behandeln die Einsatzmöglichkeiten von softwareergonomischen Werkzeugen anhand von Beispielen aus der Industriepraxis. JONES (1986, S. 298 ff.) beschreibt ein Fertigungsplanungssystem, in dem Terminierung und Bestandsübersicht mit Hilfe graphischer Darstellungen angezeigt werden.

Die tatsächliche Realisierung dieser Forderungen läßt jedoch einiges zu wünschen übrig. So stellen NULLMEIER/RÖDIGER (1986, S. 137) fest, daß bei Dialogschnittstellen neuerer PPS-Systeme trotz teilweise hoher Ansprüche Funktionalitätsprobleme gegenüber Schnittstellenanforderungen dominieren. Die Verständlichkeit der Darstellung wird zu wenig berücksichtigt. Nach einer Untersuchung von 29 PPS-Systemen durch ROOS (1990, S. 5 ff.) beschränken sich heutige PPS-Systeme auf Graphik in Form von Textzeichen und unzulänglicher Semigraphik.

Aufgrund der Tatsache, daß in heutigen PPS-Systemen eine graphische Darstellung von Daten kaum Anwendung findet, ist die Qualität der Darstellung eingeschränkt. Eine Verbesserung der Informationsübertragung mit den heute gegebenen Mitteln kann nach LANGE und DOERKEN (1989, S. 15) bei erschwerter Verständlichkeit nur durch einen gewissen Überfluß also zusätzlichen Information erfolgen. Es sollte aus Sicht der Anwender Redundanz der Informationen an der Benutzerschnittstelle existieren. Welches Maß diese Redundanz einnehmen soll, wird nicht behandelt.

In den Arbeiten wird nicht vertieft, inwieweit die o.g. Forderungen der Softwareergonomie bei den im Einsatz befindlichen PPS-Systemen erfüllt bzw. überprüft werden können. Es werden vorwiegend Gestaltungsvorschläge für eine Verbesserung der Mensch-Maschine-Schnittstelle entworfen, dabei aber wenig auf die letztlich von der EDV systemtechnisch vorgegebenen Realisierungsmöglichkeiten Rücksicht genommen.

Zusammenfassend kann zum Stand der Forschung für die Überprüfung der Datenqualität von PPS-Systemen festgestellt werden, daß in den Bereichen Erfassung, Verarbeitung sowie Darstellung von Daten ein hohes Maß an Problembewußtsein vorliegt. Ein in sich geschlossenes Verfahren, wie die Qualität von Daten in PPS-Systemen geprüft und quantifiziert werden kann, steht zum gegenwärtigen Zeitpunkt jedoch noch nicht zur Verfügung.

4. Beschreibung der Datenqualität

Das vorangegangene Kapitel hat gezeigt, wie viele unterschiedliche Begriffe für Merkmale zur Beschreibung der Qualität von Software und Daten verwendet werden. Für die vorliegende Arbeit ist eine eingehendere Auseinandersetzung mit der Datenqualität speziell von PPS-Systemen erforderlich. Dazu wird die Definition der Datenqualität anhand des mittleren Informationsgehaltes zunächst quantifiziert. Da die rein quantitative Betrachtung nicht alle Aspekte der Information berücksichtigt, werden im Anschluß Ebenen der Information eingeführt. Die Qualität der Daten wird dann im Sinne der Qualitätsplanung mit Merkmalen beschrieben.

4.1 Quantifizierung des Informationsgehaltes von Daten

Nach DIN 44301 (1984, S. 1) ist der **Entscheidungsgehalt H_n** bei Auswahl aus einer Menge von n möglichen Ereignissen (z. B. eines speziellen Datums aus einer Menge von n Daten) gegeben durch:

$$H_n = \log n$$

H_n: Entscheidungsgehalt n: Anzahl der Daten

Bestünde ein Informationssystem nur aus einem einzigen Datum (n = 1), dann wäre der Entscheidungsgehalt dieses Systems Null ($H_1 = 0$), da keine Wahl, also Entscheidungsmöglichkeit zwischen Alternativen, gegeben ist. Mit Zunahme der Anzahl an Daten wächst der Entscheidungsgehalt logarithmisch an. Die Zuwachsrate ($H_n - H_{n-1}$) des Entscheidungsgehaltes von Daten nimmt aufgrund der logarithmischen Funktion exponentiell ab. Der Informationsgehalt eines einzelnen Datums ist nach DIN 44301 (1984, S. 1) als Logarithmus des Kehrwertes der Wahrscheinlichkeit (p_i) seines Zugriffes definiert. Die Wahrscheinlichkeit nimmt Werte zwischen 0 und 1 an.

$$I = \log 1/p_i$$

I : Informationsgehalt eines Datums
p_i: Zugriffswahrscheinlichkeit auf ein Datum

Die Zugriffswahrscheinlichkeit eines Datums geht gegen 0, wenn die Wahrscheinlichkeit, daß darauf zugegriffen wird, sehr klein ist. Der Informationsgehalt dieses Datums geht dann gegen ∞. Wird hingegen auf ein Datum ständig zugegriffen, dann geht der Informationsgehalt des Datums gegen 0. Dies entspricht der Anschauung, da der Inhalt eines ständig verwendeten Datums im allgemeinen bekannt ist. Der mittlere Informationsgehalt berechnet sich als Summe der Zugriffswahrscheinlichkeiten der Daten, jeweils multipliziert mit ihrem Informationsgehalt. Die Summe der Wahrscheinlichkeiten aller Daten beträgt immer 1.

$$I_m = \Sigma\, p_i \log 1/p_i$$

I_m : mittlerer Informationsgehalt mehrerer Daten

Je höher der absolute Wert des mittleren Informationsgehaltes eines Systems ist, umso eher liegt eine Gleichverteilung der Zugriffswahrscheinlichkeiten auf die Daten dieses Systems vor. Der Kerngedanke der Definition des mittleren Informationsgehaltes ist, daß sein Wert abnimmt, wenn die Zugriffswahrscheinlichkeiten auf die Daten im System unausgewogen sind.

In Abbildung 10 ist der Verlauf des mittleren Informationsgehaltes wie in Kapitel 2 definiert dargestellt. Dabei wird zunächst davon ausgegangen, daß auf alle Daten mit gleicher Wahrscheinlichkeit zugegriffen wird. Es ist ersichtlich, daß mit wachsendem Datenvolumen der Informationsgehalt nicht linear sondern degressiv zunimmt.

Wählt man einen logarithmischen Maßstab, erhält man als Graph eine Gerade. Für den Idealfall homogener Zugriffswahrscheinlichkeit auf sämtliche Daten ist die Zuwachsrate des mittleren Informationsgehaltes am größten. Zum Vergleich sind in Abbildung 11 die Verläufe für den Fall gezeigt, daß ein Datum eine feste Zugriffswahrscheinlichkeit (0,9 bzw. 0,5) hat und sich die Restwahrscheinlichkeiten (0,1 bzw. 0,5) homogen, also optimal, auf die übrigen Daten verteilen. Es ist offensichtlich, daß aufgrund dieser Ungleichverteilung der mittlere Informationsgehalt rapide abnimmt. Man erkennt, daß ein Informationssystem mit einem Datenvolumen von nur 10.000 Daten mit homogener Zugriffswahrscheinlichkeit denselben mittle-

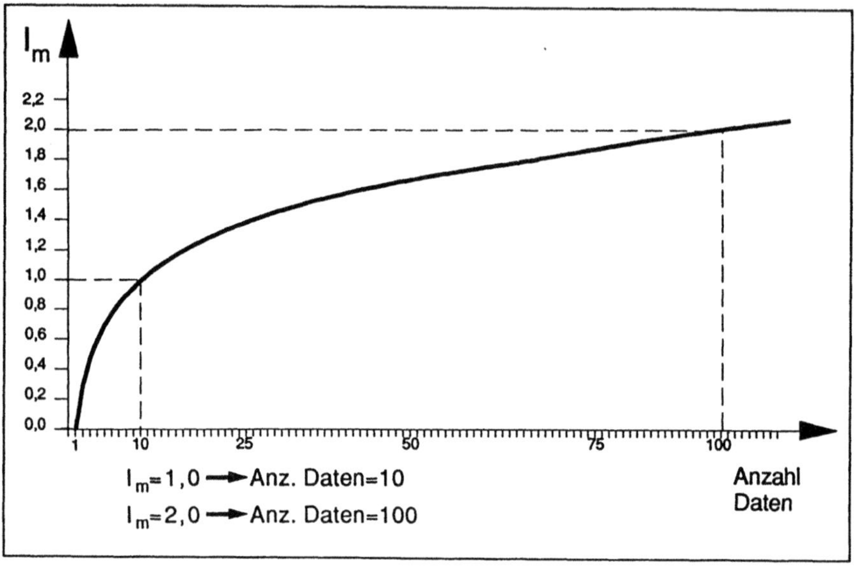

Abb. 10: Zuwachs des mittleren Informationsgehaltes bei homogener Zugriffswahrscheinlichkeit

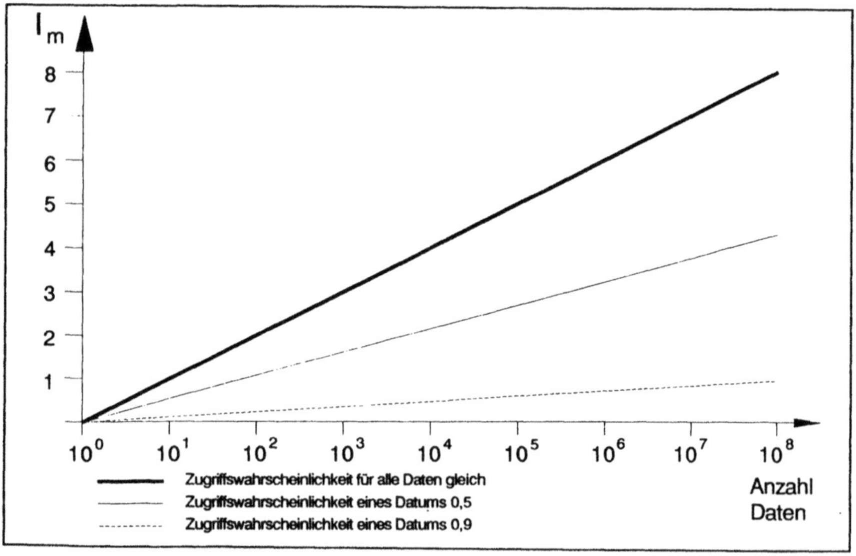

Abb. 11: Zuwachs bei homogener und heterogener Zugriffswahrscheinlichkeit

ren Informationsgehalt liefert wie ein System mit der außerordentlich großen Zahl von 3.9 * 10^{38} Daten, bei dem auf ein Datum mit 90% Wahrscheinlichkeit zugegriffen wird, während sich der Zugriff auf die anderen Daten auf die verbleibende Restwahrscheinlichkeit von 0,1 homogen verteilt.

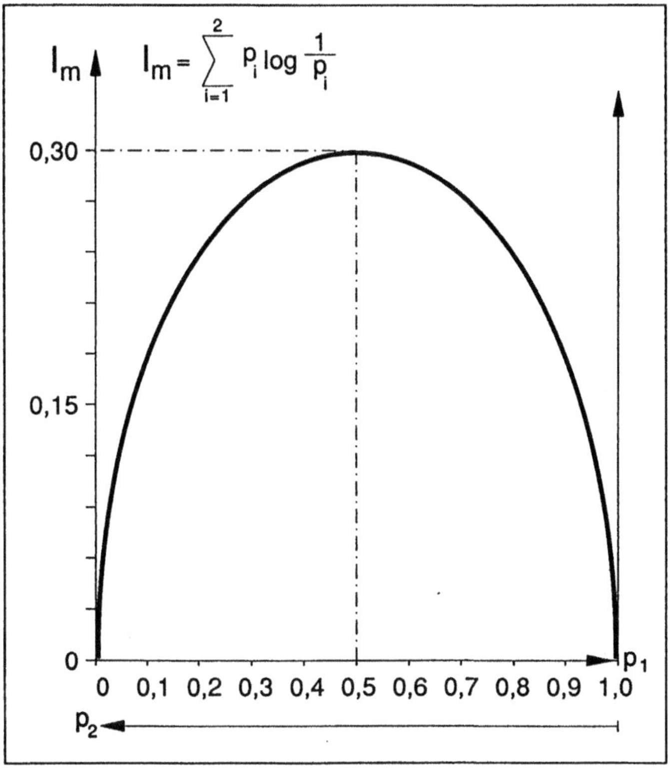

Abb. 12: Verlauf bei variabler Zugriffswahrscheinlichkeit zweier Daten

In der Praxis ist damit zu rechnen, daß die Wahrscheinlichkeiten der Zugriffe auf Daten nicht nur stark heterogen sind, sondern darüber hinaus Schwankungen unterliegen. Der Verlauf des mittleren Informationsgehaltes von nur zwei Daten ist in Abbildung 12 über der Zugriffswahrscheinlichkeit aufgetragen. Der Informationsgehalt wird 0, wenn immer nur auf ein Datum zugegriffen wird und auf das andere überhaupt nicht. Die meiste Information (0.30) liefert dieses aus zwei Daten bestehende System, wenn auf beide Daten mit der gleichen, also homogener Wahrscheinlichkeit, zugegriffen wird.

Es ist offensichtlich, daß unter Aufwandsgesichtspunkten Informationssysteme mit geringen Datenvolumina aber homogener Zugriffswahrscheinlichkeit solchen mit großen Datenvolumina aber stark heterogener Zugriffswahrscheinlichkeit vorzuziehen sind. Dies entspricht der Einschätzung vieler Anwender, die sich trotz der vielen Daten, die ihnen in heutigen PPS-Systemen zur Verfügung stehen, schlecht informiert fühlen (SACHSE 1988, S. 75).

Die mathematisch exakte Bestimmung des mittleren Informationsgehaltes in einem PPS-System wird wegen des damit verbundenen hohen Erfassungsaufwands nicht gelingen. Es müßte dazu die Zugriffswahrscheinlichkeit auf jedes einzelne Datum gemessen werden. Um dennoch die Zugriffswahrscheinlichkeit auf Daten abschätzen zu können, werden in der Literatur Ebenen der Information für eine qualitative Betrachtung des Informationsgehaltes verwendet.

4.2 Qualitative Betrachtung des Informationsgehaltes

Eine solche Aufteilung in Ebenen (siehe Abbildung 13) findet sich beispielsweise bei MIROW (1969, S. 41 ff.) und GITT (1989, S. 40 ff.). Die unterste Ebene, die **Statistik**, entspricht der reinen Untersuchung von Zugriffswahrscheinlichkeiten. Der Aufwand für eine Prüfung auf dieser Ebene ist, wie oben erwähnt, sehr groß. Anhand der besser faßbaren Ebenen der **Syntax, Semantik, Pragmatik und Apobetik** werden die von den Nutzern festgelegten und vorausgesetzten Erfordernisse an Daten umschrieben. Im Anhang 13.2 befindet sich eine ausführliche Beschreibung dieser Ebenen.

Geht man über eine rein statistische Betrachtung der Datenqualität anhand der Zugriffswahrscheinlichkeiten hinaus, wird zuerst die Frage nach der Syntax der Daten gestellt. Danach muß die Semantik der Daten gegeben sein. Ist dies der Fall, kann beurteilt werden, ob durch die Daten Handlungen beeinflußt werden, ob sie also Pragmatik beinhalten. Schließlich sollte besonderes Augenmerk auf diejenigen Daten gelegt werden, die auf die Zielerreichung, Apobetik des Systems, Einfluß haben. Auf Basis dieser Ebenen kann eine qua-

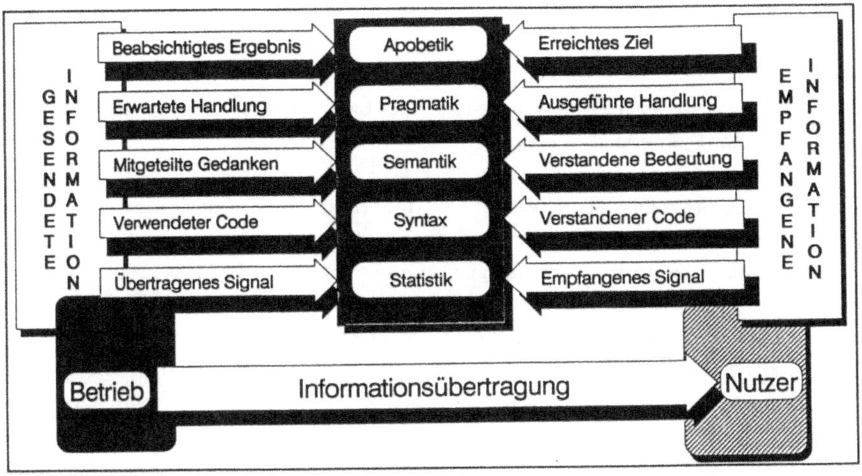

Abb. 13: Fünf Ebenen der Information (GITT 1989, S. 45)

litative Abschätzung der Zugriffswahrscheinlichkeiten auf Daten vorgenommen werden. Nach welchen Kriterien diese Abschätzung erfolgt, wird nunmehr anhand von Qualitätsmerkmalen beschrieben.

Je tiefer sich die betrachtete Ebene befindet, umso höher ist der Aufwand, um bei der Prüfung der Datenqualität zu aussagekräftigen Ergebnissen zu gelangen. Auf der untersten Ebene müssen sogar die einzelnen Zugriffswahrscheinlichkeiten ermittelt werden. Andererseits steigt mit der Höhe der Ebenen die Unsicherheit über die ermittelten Prüfergebnisse. Auf der obersten Ebene wird lediglich der globale Verwendungszweck der Daten berücksichtigt. In diesem Spannungsfeld zwischen Wirtschaftlichkeit und Ergebnis muß sich das Verfahren zur Prüfung der Datenqualität bewegen. In der Qualitätssicherung werden nach DIN 55350 (1987, Teil 11) zur Beschreibung der Beschaffenheit von Qualität üblicherweise Qualitätsmerkmale verwendet. Diese lassen sich auch für die Datenqualität formulieren.

4.3 Beschreibung der Datenqualität durch Merkmale

Die zur Beschreibung der Beschaffenheit verwendeten Merkmale werden in zwei Gruppen eingeteilt. Die erste Gruppe betrifft gemäß des Aufbaus von Informationssystemen Merkmale auf der betrieblichen Eingabeseite. Die zweite Gruppe bezieht sich auf die Qualität der Darstellung im Rahmen der systemseitigen Daten an einem Ausgabegerät, meist einem Datensichtgerät bzw. Bildschirm gegenüber den Nutzern des Systems.

Eine Verbesserung der Qualität der Abbildung der betrieblichen Realität auf der Eingabeseite kann gleichzeitig eine Verschlechterung der Qualität der Darstellung gegenüber den Nutzern bedeuten. Veränderungen aus Abbildungssicht und Veränderungen aus der systemseitigen Darstellungssicht verhalten sich komplementär zueinander. Die Verbesserung der betrieblichen Abbildung wird durch eine Erhöhung des Datenvolumens erreicht. Damit wird zwar die Entscheidungsfreiheit erhöht. Andererseits verringert sich die Zugriffswahrscheinlichkeit. In diesem Spannungsfeld bewegen sich die nachstehenden Merkmale zur Datenqualität.

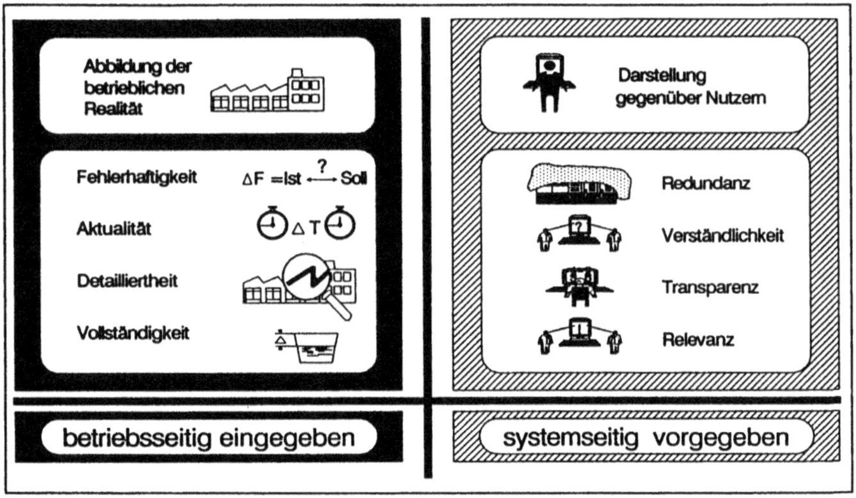

Abb. 14: Merkmale zur Beschreibung der Datenqualität

Die hier verwendeten Merkmale beschreiben die in der Praxis vorgefundenen Verhältnisse und Probleme. Es werden insgesamt 8 Merkmale zur Beschreibung der Beschaffenheit von Daten verwendet (siehe Abbildung 14). Sie werden im folgenden insbesonders unter dem Aspekt ihrer Wirkung auf den mittleren Informationsgehalt betrachtet.

Auf der Seite der betrieblichen Daten beschreiben die Merkmale **Fehlerhaftigkeit, Aktualität, Detaillierungsgrad und Vollständigkeit** die Qualität der betrieblichen Abbildung in einem PPS-System. Auf der Ausgabeseite der systemseitigen Daten gegenüber den Nutzern beschreiben die Merkmale **Redundanz, Verständlichkeit, Relevanz und Transparenz** die Qualität der Darstellung. Zunächst wird auf die Merkmale zur Abbildung der betrieblichen Realität und anschließend auf die Merkmale zur Darstellung eingegangen.

4.3.1 Merkmale zur Abbildung der betrieblichen Realität

Auf der Eingabeseite lautet die Qualitätsforderung an ein Informationssystem, den Betrieb so realitätsnah wie möglich abzubilden (vgl. HANSEN 1985, S. 93). Die detaillierte Realitätsnähe betrifft sowohl die vollständig sachliche als auch die zeitliche Nähe der Abbildung. Es werden reale Objekte und Vorgänge abgebildet. Damit können sich auf der Eingabeseite die Qualitätsmerkmale nur auf **betriebliche Daten** beziehen. Vor der Beschreibung des Zeitbezuges wird der sachliche Aspekt anhand des Merkmals Fehlerhaftigkeit behandelt.

4.3.1.1 Fehlerhaftigkeit von Daten

Die sachliche Nähe wird durch die richtige Erfassung der realen Verhältnisse sichergestellt. Bei oberflächlicher Betrachtung kann jede Abweichung eines betrieblichen Datums von der Realität als Fehlerhaftigkeit aufgefaßt werden. Wenn man die Fehlerhaftigkeit eines einzelnen betrieblichen Datenfeldes unter dem Blickwinkel der Definition der Datenqualität betrachtet, stößt man bei einer rein informationstheoretischen Interpretation anhand der Zugriffswahrscheinlichkeiten auf Probleme. Ein fehlerhafter Wert kann bei einmaligem Zugriff ebensoviel Information liefern wie ein richtiger Wert. Den mittleren Informationsgehalt eines PPS-Systems verringert die Fehlerhaftigkeit von betrieblichen Daten erst dann, wenn der Zugriff auf das System aufgrund mangelnden Vertrauens in die Daten sinkt.

Fehlerhaft kann nur ein einzelnes betriebliches Datenfeld sein. Bezüglich der Aufgabe von Datenfeldern wird zwischen identifizierenden, qualifizierenden, quantifizierenden und steuernden Datenfeldern unterschieden. Identifizierende, qualifizierende und steuernde betriebliche Datenfelder werden bezüglich ihrer Fehlerhaftigkeit nicht untersucht. Das hat folgende Gründe:

- Fehlerhafte identifizierende Daten führen zu Zugriffen auf falsche Datensätze und werden daher sofort festgestellt.

- Fehlerhafte qualifizierende Datenfelder werden nicht im System verrechnet und führen daher auch nicht zu Folgefehlern.

- Fehlerhafte steuernde Datenfelder können zwar zu Verarbeitungsfehlern in den Programmen führen. Wegen der daraus resultierenden direkten Auswirkungen werden derartige Fehler bei steuernden Datenfeldern in der Regel schnell aufgedeckt.

Die Werte von quantifizierenden betrieblichen Datenfeldern sind demgegenüber fließend. Sie sind permanenten Wertschwankungen unterworfen. Darüber hinaus nehmen die Werte der quantifizierenden Datenfelder in besonderem Maße auf die Ziele eines PPS-Systems Einfluß (vgl. POTHS 1989, S. 358). Fehlerhaftigkeit der Werte von quantifizierenden Datenfeldern kann auf zwei Arten beschrieben werden.

Nach dem klassischen Verständnis wird um den korrekten Wert ein Toleranzintervall festgelegt. Liegt ein Wert innerhalb der Grenzen dieses Intervalles, so gilt er als vollkommen richtig, liegt er außerhalb, so wird er als vollständig falsch eingestuft. Eine differenzierte Betrachtung hinsichtlich der Auswirkungen der Abweichung findet nicht statt.

Die zweite Möglichkeit zur Beschreibung von Fehlerhaftigkeit bietet der Ansatz von TAGUCHI (vgl. BRUNNER 1989, S. 342 ff.). Hier sind Ausgangspunkt der Betrachtung die Folgen von Fehlerhaftigkeit. Diese können bei quantifizierenden Datenfeldern abhängig vom

Verwendungszweck unterschiedlich sein. TAGUCHI benutzt als Mittel zur Beschreibung einen Kennwert a, durch den die Folgen der Fehlerhaftigkeit bzw. die Genauigkeitsanforderung beschrieben werden kann. Damit ist die Fehlerhaftigkeit eines betrieblichen quantitativen Datenfeldes (FDFqj) gegeben durch:

$$FDF_{qj} = a \frac{(x_r - x_s)^2}{x_s^2}$$

a: Genauigkeitsanforderung
x_s: Systemwert; x_r: als Realwert.

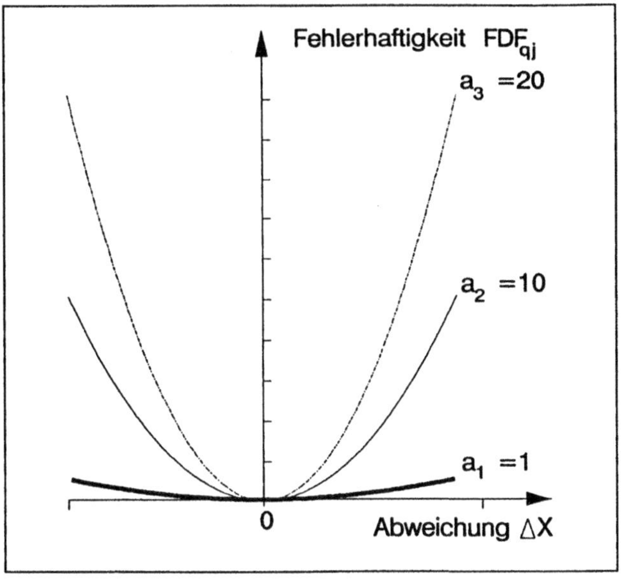

Abb. 15: Fehlerhaftigkeit nach TAGUCHI (1981, S. 73)

Sind die Anforderungen an die Genauigkeit hoch, sind also die Folgen bereits kleiner Abweichungen vom korrekten Wert groß, dann erhält man für hohe Werte von a eine sehr enge Parabel als Beschreibungsfunktion. Sind die Folgen auch größerer Fehler nur gering, sind auch die Werte für a klein. Man erhält eine weite Parabel (siehe Abbildung 15).

Dies entspricht auch der Vorstellung nach SAUERBREY (1986, S. 7), wonach Fehlerhaftigkeit von betrieblichen Daten keineswegs eine objektive Eigenschaft ist. Je nachdem, ob es sich beispielsweise um Grob- oder Feinplanungsdaten handelt, kann ein und dieselbe Abweichung als mehr oder weniger stark fehlerhaft eingestuft werden. Der Verwendungszweck und damit der erforderliche Genauigkeitsgrad a sind anwendungsspezifisch.

4.3.1.2 Zeitliche Aktualität von Daten

Die Werte von betrieblichen Datenfeldern bilden eine Realität ab, die einer mehr oder weniger starken zeitlichen Dynamik unterliegt. Daher besteht ein enger Zusammenhang zwischen der Fehlerhaftigkeit und der Aktualität betrieblicher Daten. Daten gelten nach HACKSTEIN (1989a, S. 203) als aktuell, wenn sie zum Zeitpunkt ihrer Verrechnung die betriebliche Situation der Gegenwart hinreichend genau abbilden. Möglichst hohe Aktualität ist die von den Anwendern am meisten genannte Forderung an die Qualität betrieblicher Daten. Dies liegt daran, daß sich in der Realität häufig Änderungen von Werten im Auftragsabwicklungsprozeß ergeben, die in den Systemen nachgehalten werden müssen. Mangelhafte Aktualität wird teilweise mit Fehlerhaftigkeit synonym verwendet (vgl. SCHUMACHER 1986, S. 32). "Aktualität ist eine Forderung, die insbesondere an Planungs-, Entscheidungs- und Kontrollinformationen gestellt wird. Das Ziel der Aktualität besteht in der Reduzierung der (Anm. d. Verf.: zeitlichen) Distanz zwischen abgebildetem realen Objekt und der Information." (KOREIMANN 1977, S.13).

Theoretisch könnte die Aktualität von betrieblichen Daten durch eine sehr hohe zeitliche Nähe, beispielsweise durch minutengenaue Abbildung sämtlicher Veränderungen, sichergestellt werden. Das wäre mit einem hohen Erfassungsaufwand verbunden. Auch im Hinblick auf den mittleren Informationsgehalt ist ein derart kurzer Erfassungstakt nicht sinnvoll. Die Wahrscheinlichkeit, daß für alle Objekte der Auftragsabwicklung z. B. minütlich Veränderungen abgefragt werden, ist gering (vgl. SCHEER 1983, S. 150). Daher ist auch ein gleichmäßiger Zugriff auf minütlich neu ermittelte Daten nicht zu erwarten. Ein geänderter Wert bedeutet ein neues Datum. Wenn auf sich laufend ändernde Daten nicht zugegriffen wird, bewirkt dies Ungleichverteilung der Zugriffswahrscheinlichkeiten. Damit kann übertriebene Aktualität zu einer Senkung des mittleren Informationsgehaltes führen. Es ist also Wert auf einen geeigneten Grad an Aktualität zu legen.

Da Aktualität eine zeitabhängige Größe ist, betrifft sie hauptsächlich die auftragsabhängigen bzw. terminabhängigen betrieblichen Daten, also das Klassifikationsmerkmal Variabilität. Mangelnde Aktualität macht sich besonders bei den auftragsabhängigen Ist-Daten in Form der Rückmeldedaten (siehe Abbildung 16) bemerkbar.

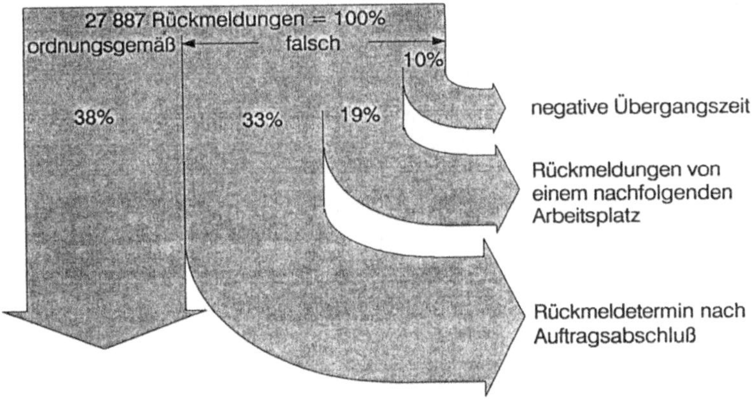

Abb. 16: Aktualität von Betriebsdaten (vgl. NYHUIS 1983, S. 30)

Ebenso wie die Fehlerhaftigkeit steht auch die Aktualität mit dem Verwendungszweck in enger Beziehung. Beispielsweise müssen Kundenauftragsdaten, die wöchentlich verarbeitet werden, wochenweise aktuell gehalten werden. Fertigungsauftragsdaten sollten hingegen täglich aktualisiert werden (vgl. MEINBERG 1989, S. 19). Stehen diese Daten in einer von den Programmen vorgegebenen integrierten Beziehung, was das Ziel stark integrierter PPS-Systeme ist, dann müssen aufgrund der Interdependenzen sämtliche Daten auf ein einheitliches und damit das jeweils höchste Aktualitätsniveau gebracht werden, um Datenkonsistenz zu gewährleisten (vgl. BAUER 1988, S. 31). In jedem Bereich eines PPS-Systems die zeitliche

Abbildung in einem gleich feinen Maß zu realisieren, ist aus Gründen des damit verbundenen hohen Verarbeitungsaufwands nicht sinnvoll. Welchen Aufwand es bedeuten würde, die betrieblichen Daten eines hochgradig integrierten und detaillierten PPS-Systems z.B. stundengenau aktuell zu halten, wird im Zusammenhang mit dem Merkmal Detaillierungsgrad im folgenden Abschnitt angesprochen.

4.3.1.3 Detaillierungsgrad der betrieblichen Abbildung

Der Detaillierungsgrad ist ein Maß für die Tiefe der Abbildung. Man bedient sich dazu strukturierender Abbildungsmethoden (vgl. KISTNER/SWITALSKI 1989, S. 477 ff.). Eine Strukturierung wird in der Hauptsache auf Materialien, Kapazitäten und Zeiten angewendet. Die Probleme bei sehr feiner zeitlicher Detaillierung wurden im Zusammenhang mit der Aktualität bereits angesprochen. Mit zunehmendem Detaillierungsgrad sind für alle drei Bereiche mehr betriebliche Daten zu erfassen (PERSCHBACHER 1989, S. 28). Das vergrößert zwar die Entscheidungsfreiheit, bringt aber gleichzeitig auch eine Verringerung der Zugriffswahrscheinlichkeiten mit sich. Ab einem gewissen Detaillierungsgrad verschlechtert sich die Datenqualität, da nicht auf alle Daten der unteren Strukturebenen regelmäßig zugegriffen wird. Dieser Umstand soll an dem folgenden Beispiel verdeutlicht werden.

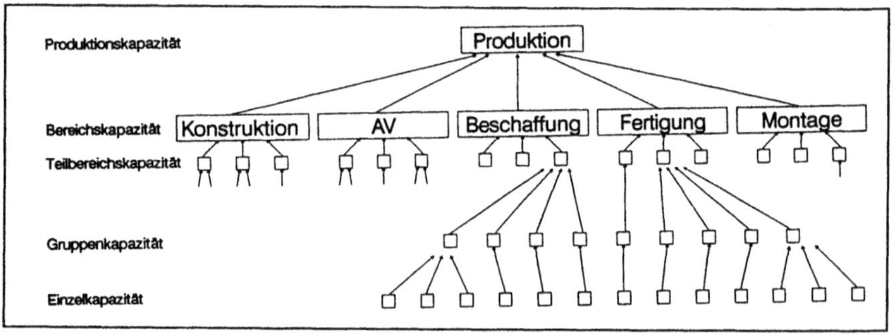

Abb. 17: Detaillierung von Kapazitäten (BRANKAMP 1970, S. 38)

Möglichkeiten der kapazitativen Detaillierung werden in der Abbildung 17 aufgezeigt. Werden alle Einzelkapazitäten im Betrieb als Kapazität erfaßt, dann ist die Zugriffswahrscheinlichkeit auf ein bestimmtes Werkzeug im betrieblichen Ablauf der Auftragsabwicklung gering. Werden hingegen nur grob z.B. ganze Teilbereichskapazitäten erfaßt, dann ist die Wahrscheinlichkeit, daß Informationen darüber zur Abwicklung der Aufträge gebraucht werden, groß. Umgekehrt verhält sich dies mit der Entscheidungsfreiheit. Im ersten Fall hat man eine große Entscheidungsfreiheit, da man auf viele Einzelkapazitäten zugreifen kann. Im zweiten Fall hat man dagegen nur eine geringe Anzahl von Wahlmöglichkeiten, da nur wenige Kapazitäten (Teilbereiche) erfaßt sind. Mit jeder Stufe der Detaillierung steigt die zu verarbeitende Datenmenge stark an.

Will man beispielsweise nicht wochengenau, sondern stundengenau sämtliche betrieblichen Objekte in der PPS berücksichtigen, dann muß das gesamte terminabhängige Datenvolumen auf das 120-fache (5 Tage x 3 Schichten x 8 Stunden) erhöht werden. Man hat dann zwar durch das erhöhte Datenvolumen erhöhte Entscheidungsfreiheit, aber auch hier verringert sich die Wahrscheinlichkeit, daß auf die zusätzlich erfaßten Daten zugegriffen wird. Der Detaillierungsgrad sollte für alle Objekte eines PPS-Systems so gewählt werden, daß gleiche Zugriffswahrscheinlichkeiten in allen Bereichen erreicht werden. Denn je homogener die Zugriffswahrscheinlichkeiten sind, umso höher wird der mittlere Informationsgehalt.

Gleiches wie für Zeiten und Kapazitäten gilt für das Material. Es muß festgelegt werden, mit welchem Detaillierungsgrad man die zu planenden und steuernden Objekte beschreibt. Eine Detaillierung bis auf die untersten Strukturebenen stößt an die Grenzen der Datenbeschaffung und Datenpflege (vgl. ETZ/WEIMAR 1989, S. 48; DANGELMEIER u. a. 1989a, S. 42 ff.). Ein absolut richtiges Maß der Detaillierung gibt es nicht. Der sinnvolle Detaillieruungsgrad ist für die verschiedenen Bereiche je nach Anwendungsfall zu bestimmen (vgl. MEINBERG 1989, S. 20). Dies macht die Aufstellung fester Regeln für den Detaillierungsgrad von betrieblichen Daten problematisch.

4.3.1.4 Vollständigkeit der Datenerfassung

Wie die Fehlerhaftigkeit mit der Aktualität, so steht der Detaillierungsgrad mit der Vollständigkeit in engem Zusammenhang. Unter Vollständigkeit versteht man die Breite der Abbildung der betrieblichen Realität. Vollständige Abbildung bedeutet die Erfassung sämtlicher Objekte innerhalb einer Detaillierungsstufe. Für jedes betriebliche Objekt innerhalb einer Detaillierungsstufe muß ein Datensatz angelegt werden. Eine absolute Vollständigkeit auf allen denkbaren Detaillierungsstufen ist unmöglich. Man kann selbst mit einem wirtschaftlich unsinnig hohen Aufwand nicht alle Objekte eines Betriebes erfassen (vgl. SAUERBREY 1986, S. 10).

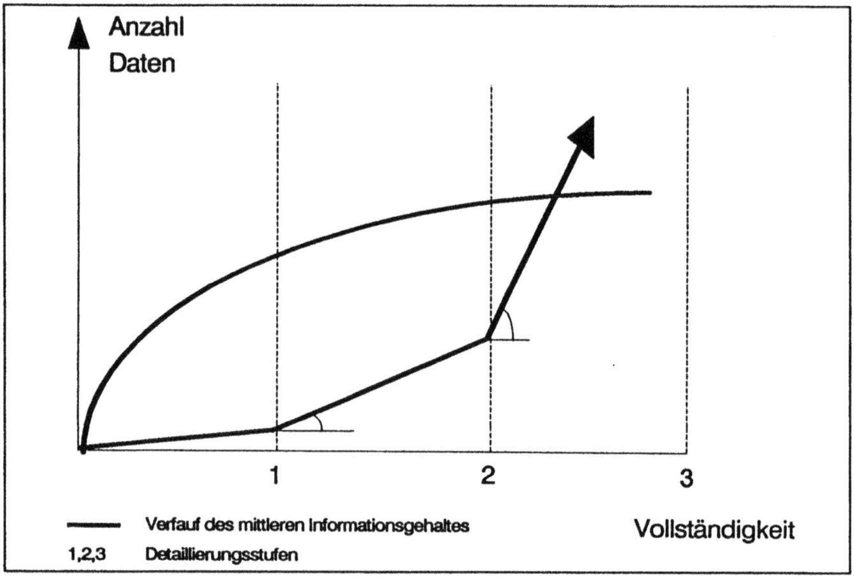

Abb. 18: Zunehmendes Datenvolumen bei hoher Detailliertheit und Vollständigkeit für homogene Zugriffwahrscheinlichkeit

Je tiefer die Detaillierungsstufe gewählt wird, umso mehr Objekte und damit Daten sind zu erfassen, um Vollständigkeit zu erreichen. Bei jeder weiteren Detaillierungsstufe steigt die Menge der zu erfassenden Objekte steiler an, um innerhalb der Stufe Vollständigkeit zu gewährleisten. Pro Stufe ist die Gesamtheit aller Unterobjekte zu erfassen. Die mögliche Steigerung des mittleren

Informationsgehaltes nimmt entsprechend der Definition (siehe auch Abbildung 10) sogar logarithmisch ab. Bei sehr großen Datenvolumina geht die mögliche Verbesserungsrate gegen Null.

Der Detaillierungsgrad und Vollständigkeit wirken sich damit beide stark auf eine Erhöhung des Datenvolumens (vgl. DANGELMEIER 1989b, S. 28 ff.) aus. Im Sinne eines möglichst hohen mittleren Informationsgehaltes ist darauf zu achten, daß die erfaßten Objekte ähnliche Zugriffswahrscheinlichkeiten aufweisen. Wenn um der Vollständigkeit willen Daten erfaßt werden, die eine sehr geringe Zugriffswahrscheinlichkeit haben, vermindert sich der mittlere Informationsgehalt.

4.3.1.5 Zusammenfassung der betrieblichen Merkmale

Eine richtige, aktuelle, detaillierte und vollständige Abbildung der betrieblichen Realität erhöht die Entscheidungsfreiheit der Anwender. Aufgrund der zusätzlichen Forderung nach möglichst hoher und homogener Zugriffswahrscheinlichkeit muß dies aber nicht zwangsläufig den mittleren Informationsgehalt des Systemes verbessern. Dieser Umstand wird in der Abbildung 19 für alle vier Merkmale nochmals zusammenfassend qualitativ dargestellt.

So sinkt mit zunehmender Fehlerhaftigkeit das Vertrauen in die Daten und damit auch die Zugriffswahrscheinlichkeit. Mit zunehmender Aktualität, Detailliertheit und Vollständigkeit steigt der mittlere Informationsgehalt zunächst aufgrund der Erhöhung der Entscheidungsfreiheit durch mehr Daten. Überzogene Aktualität bedeutet jedoch ab einem gewissen Maß eine Menge von Daten auf die nur mit geringer Wahrscheinlichkeit zugegriffen wird, sofern der entsprechende Aktualitätsbedarf nicht gegeben ist. Dasselbe gilt auch für übertriebene Vertiefung des Detaillierungsgrads und ungerechtfertigte Erhöhung der Vollständigkeit. Auch das beinhaltet eine Vielzahl von Daten mit sehr geringer Zugriffswahrscheinlichkeit und damit auch eine Abnahme des mittleren Informationsgehalts (siehe Abbildung 19).

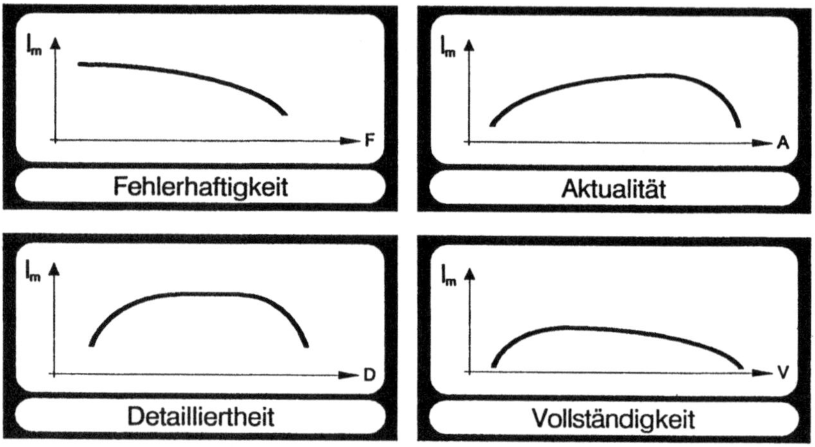

Abb. 19: Qualitativer Verlauf des Informationsgehaltes auf Betriebsseite bei heterogener Zugriffswahrscheinlichkeit

4.3.2 Merkmale zur Darstellung gegenüber den Nutzern

Die folgenden Merkmale zur Datenqualität behandeln die Güte der Darstellung an der Ausgabeseite eines Informationssystems, also hier gegenüber den Nutzern eines PPS-Systems. Auf der oben behandelten betrieblichen Seite wurden ausschließlich Qualitätsmerkmale der betrieblichen Daten behandelt. Auf Seite der Nutzer sollen nunmehr Merkmale zur Qualität der **systemseitigen Daten** betrachtet werden. Die Qualität der systemseitigen Daten ist unabhängig von den dargestellten betrieblichen Objekten.

Wie oben bereits erwähnt, handelt es sich bei den systemseitigen Merkmalen um die Merkmale **Redundanz, Verständlichkeit, Transparenz und Relevanz**. Dabei wirkt sich das Merkmal Redundanz gleichermaßen auf die drei anderen Merkmale aus. Wegen dieser grundlegenden Stellung wird die Redundanz zuerst behandelt.

4.3.2.1 Redundanz der systemseitigen Daten

Redundanz wird aus informationstheoretischer Sicht folgendermaßen definiert (vgl. SHANNON/WEAVER 1976):

$$I_{mr} = I_m - I_r$$

I_{mr} : mittlerer Informationsgehalt bei Redundanzen
I_m : mittlerer Informationsgehalt ohne Redundanzen
I_r : redundanter Anteil des mittleren Informationgehaltes

Redundanz verringert damit den mittleren Informationsgehalt eines Informationssystems in jedem Fall. Die Zugriffswahrscheinlichkeit auf redundante Daten geht gegen Null. FUNK (1989, S. 40) geht soweit, daß er eine Reduzierung des Datenüberflusses, also der Redundanz, in allen Betriebsbereichen fordert. Man unterscheidet informationelle und strukturelle Redundanz (vgl. KLAUS/LIEBSCHER 1976, S. 639). Die strukturelle Redundanz ist technischer Natur und resultiert aus dem internen Aufbau von Informationssystemen (vgl. BIEMANS/VISSERS 1989, S. 38). Sie wirkt sich negativ auf die Konsistenz von Daten aus (vgl. LASZCZ 1989, S. 22).

Erst durch bewußte Einführung informationeller Redundanzen werden die betrieblichen Zusammenhänge für die Anwender transparent und verständlich. Diese Form der gewollten Redundanz an der Benutzerschnittstelle wird im Zusammenhang mit den Merkmalen Verständlichkeit und Transparenz vertieft. Irrelevante Daten wirken sich demgegenüber nicht vorteilhaft aus. Daher unterteilt man die informationelle Redundanz auch in fördernde und leere Redundanz.

Die Form der Redundanz, die Störungen bei der Übertragung entgegenwirkt, wird als fördernde Redundanz bezeichnet. Die Tatsache, daß Redundanz die Verständlichkeit beim Empfänger verbessern und die Übersicht über komplexe Zusammenhänge festigen kann, wird von KLAUS/LIEBSCHER (1976, S. 639) folgendermaßen beschrieben: "Redundanz (Überfluß oder Weitschweifigkeit) ist im Sinne der Informationstheorie keineswegs als etwas ausschließlich Negatives anzusehen; unter bestimmten Voraussetzungen ist Redundanz vor allem in zweierlei Hinsicht positiv wirksam: Als Mittel zum Schutz gegen Störungen bei der sicheren Informationsübertragung und als didaktisches Mittel zur Förderung der besseren Informationsaufnahme in Lernprozessen." Dieser Sachverhalt wird von LANGE/DOERKEN (1989, S. 15) im Zusammenhang mit Rechnern aufgegriffen: "Redundanz ist ein Mittel, um die Betriebssicherheit und Fehlerfreiheit bei Computern zu verbessern. Auch in der menschlichen Kommunikation wird durch erhebliche Weitschweifigkeit und Wiederholungen bessere Verständigung erreicht."

Im Gegensatz zur fördernden Redundanz liegt leere Redundanz vor, wenn weder verbessertes Verständnis der dargestellten Sachlage noch erhöhte Transparenz durch Vermehrung der Redundanzen vorliegt. Leere Redundanzen sind überflüssig und verbessern die Darstellung gegenüber den Nutzern nicht. Vielmehr verringern sie Transparenz und Verständlichkeit und sind daher zu vermeiden.

Neben der informationellen Redundanz finden sich auch strukturelle Redundanzen in PPS-Systemen. Strukturelle Redundanz innerhalb einer Datenbank wirkt sich auf die Konsistenz von Daten aus (vgl. BAUER 1988, S. 29 f.). Inkonsistenz von PPS-Daten wird von BORN (1988, S. 28) als wesentliches Kriterium für mangelnde Datenqualität genannt. Die strukturelle Redundanz eines PPS-Systems ist durch die Verarbeitungsprogramme und damit durch die Struktur der zugrundeliegenden Datenbasis vorgegeben (CODD 1971, S. 33 ff.). Sie kann nur unter hohem Anpassungsaufwand verringert werden. Aufgrund der eingeschränkten Leistungfähigkeit der heute zur Verfügung stehenden Rechner ist für PPS-Systeme strukturelle Redundanzfreiheit nicht realisierbar (STEINMETZ 1990, S. 146).

4.3.2.2 Verständlichkeit der Datenfelder

Die Verständlichkeit der systemseitig vorgegebenen Bezeichnungen für Daten bezieht sich auf einzelne Datenfelder. Auf ganze Datensätze ist der Begriff nicht anwendbar. Die Datenqualität von Datensätzen wird mit dem Merkmal "Transparenz" beschrieben. Verständlichkeit von systemseitigen Datenfeldbezeichnungen ist immer dann gegeben, wenn Nutzer den mit der Bezeichnung gegebenen Sachbezug nachvollziehen können. Damit ist Verständlichkeit die erste Voraussetzung für den Zugriff von Anwendern auf Datenfelder. Daß auf Datenfelder eines PPS-Systems nicht zugegriffen wird, liegt oft an der Tatsache, daß ihre Bedeutung von den Nutzern nicht verstanden wird.

Die Verständlickeit kann nur aus Anwendersicht beurteilt werden. Daten, die lediglich die Verständlichkeit fördern, sind aus informationstheoretischer Sicht redundant. Beispielsweise sind ca. 30% aller Zeichen eines normalen Textes redundant, d. h. sie könnten eigentlich weggelassen werden, ohne daß der Informationsgehalt sinkt (SHANNON/WEAVER 1976, S. 28 ff.). Ab einem gewissen Maß an Auslassungen werden die übertragenen Informationen jedoch unverständlich. In PPS-Systemen wird dieses Verfahren aus Gründen der Bildschirmgröße auf Bezeichnungen von Datenfeldern angewandt.

Die Verständlichkeit von systemseitigen Datenfeldern hängt mit dem Kenntnisstand der Systemanwender zusammen. Damit stehen die Verständlichkeit und der Informationsgehalt von Datenfeldern auch mit der Schulung auf ein System in Verbindung. Es ist aus Gründen der Akzeptanz eines Systems von vornherein auf ein möglichst hohes Verständnis der Inhalte eines Informationssystems zu achten (vgl. ESSER/KEMMNER 1988, S. 34 ff.).

4.3.2.3 Transparenz der Datensätze

Die Verständlichkeit betrifft einzelne systemseitig vorgegebene Datenfelder. Die Zusammenstellung mehrerer Datenfelder zueinander wird durch das Merkmal "Transparenz" abgedeckt. Transparenz wird durch eine sinnvolle Konstellation der systemseitigen Datenfelder in einem sachlichen Zusammenhang auf einer Ausgabeeinheit hergestellt (WEBER/MOODIE 1989, S. 100 ff.). Dabei wird die Verständlichkeit der einzelnen Datenfelder vorausgesetzt.

Die Ausgabeeinheit für einen Datensatz sind in der Regel eine oder mehrere Bildschirmseiten. Eine Erhöhung der Transparenz verringert den für die Nutzer erforderlichen Aufwand, zwischen mehreren Teilbereichen eines Gesamtsystems wechseln zu müssen, um entscheidungsrelevante Datenfelder angezeigt zu bekommen. Da schlechte Transparenz den Bedienungsaufwand eines Systems erheblich erhöht, wird bei geringer Transparenz auf vorhandene Datenfelder in einem PPS-System reduziert zugegriffen. Um zu den benötigten Datenfeldern zu gelangen, müßten die Nutzer hohen Aufwand treiben, um zwischen den verschiedenen Bildschirmmasken hin und her zu wechseln. Die Zugriffswahrscheinlichkeit ist bei schlechter Transparenz gering und wächst mit zunehmender Transparenz.

Ebenso wie die Verständlichkeit ist die Transparenz einer Bildschirmmaske aus Nutzersicht nicht objektiv faßbar. Jeder Nutzer stellt vor dem Hintergrund seines Aufgabengebietes unterschiedliche Anforderungen an die Konstellation der von ihm benötigten Datenfelder. Erst wenn es gelingt, jedem Nutzer individuelle Bildschirmmasken zu generieren und diese gar noch dem zeitlich wechselnden Informationsbedürfnis anzupassen, kann ein Höchstmaß an Transparenz gewährleistet werden. Mit den heute verfügbaren, fest programmierten Standardsystemen ist dies bisher nur sehr eingeschränkt möglich.

4.3.2.4 Relevanz der Datenfelder

Von den Nutzern eines Informationssystems werden Datenfelder als relevant eingestuft, wenn sie im Sinne einer wirkungsvollen Entscheidungsunterstützung regelmäßig benötigt werden. In Anlehnung an KOREIMANN (1977, S. 106 ff.) wird der Relevanzgrad eines Informationssystems als der Quotient aus der Summe der relevanten Datenfelder und der Summe aller Datenfelder definiert.

Je wahrscheinlicher auf Datenfelder zur Unterstützung von Entscheidungen zugegriffen wird, als umso relevanter werden sie aus Nutzersicht angesehen. Je unwahrscheinlicher ein Datenfeld zur Unterstützung von Entscheidungen verwendet wird, als umso irrelevanter wird es von Nutzern beurteilt. Damit hängt die Relevanz von systemseitigen Datenfeldern direkt mit der Zugriffswahrscheinlichkeit zusammen. Je mehr Datenfelder von den Programmen eines PPS-Systems standardmäßig vorgegeben werden, umso größer ist das Risiko, daß sie aus der Sicht der Nutzer irrelevant sind. Insbesondere bei Standardsystemen der PPS wird von Anwendern ein Großteil der dargestellten Daten als irrelevant betrachtet. Im Durchschnitt werden hier nur 20-25 Prozent der Datenfelder genutzt, der Rest liegt brach (vgl. FINGER 1988a, S. 40).

4.3.2.5 Zusammenfassung der systemseitigen Merkmale

Für die Merkmale der systemseitigen Datenqualität kann zusammenfassend gesagt werden, daß Redundanzen den mittleren Informationsgehalt eines PPS-Systems stets verringern. Innerhalb der Redundanz wird zwischen der informationellen und der strukturellen Redundanz unterschieden. Die strukturelle Redundanz betrifft den programmtechnischen Aufbau der Datenbasis von PPS-Systemen. Die informationelle Redundanz wird wiederum in fördernde und in leere Redundanz unterteilt.

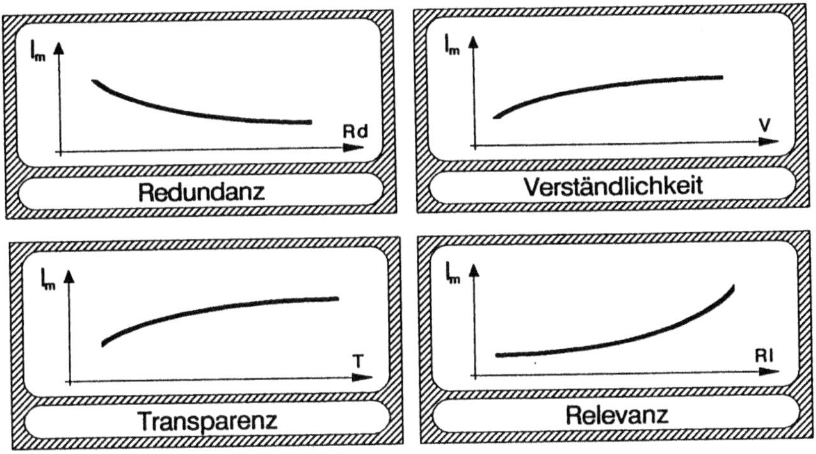

Abb. 20: Qualitativer Verlauf des Informationsgehaltes auf Anwenderseite bei heterogener Zugriffswahrscheinlichkeit

Fördernde Redundanz verbessert die Verständlichkeit der systemseitigen Datenfeldbezeichnungen und erhöht die Transparenz durch eine sinnvolle Zusammenstellung der Datenfelder auf einer Ausgabeeinheit. Leere Redundanz bzw. Irrelevanz liegt vor, wenn systemseitig von einem PPS-System Datenfelder verwaltet werden, die von den Nutzern zur Entscheidungsunterstützung nicht gebraucht werden. Die Wirkung dieser Merkmale ist in der Abbildung 20 qualitativ dargestellt. Dabei ergeben sich aufgrund der Logarithmusfunktion in der Definition des mittleren Informationsgehaltes auch logarithmische Kurvenverläufe.

Redundanz, also Überfluß, ergibt sich für die individuellen Nutzer zwangsläufig, da PPS-Systeme den Anforderungen vieler Nutzer mit unterschiedlichem Erfahrungshintergrund gerecht werden sollen. Der persönliche Informationsbedarf aller Nutzer kann nicht gleichermaßen optimal abgedeckt werden. Nicht alle systemseitigen Daten haben aus Sicht der einzelnen Nutzer dieselbe Relevanz. Viele sind irrelevant. Trotzdem sind, informationstheoretisch betrachtet, Redundanzen in gewisser Hinsicht nützlich. Sie verringern Störungen bei der Übertragung von Daten (vgl. SHANNON/WEAVER 1976). Im Falle von PPS-Systemen erhöht gezielt eingesetzte Redundanz die Verständlichkeit und Transparenz der Daten.

4.4 Bestimmung der prüfbaren Qualitätsmerkmale

Die oben behandelten Merkmale der Datenqualität beziehen sich auf alle Daten, die in einem PPS-System vorliegen können und die von den Nutzern zur Entscheidungsunterstützung benötigt werden. Aufgrund der in Abschnitt 2.4 vorgenommenen Eingrenzung des Verfahrens auf lediglich die in einem PPS-System tatsächlich vorhandenen Daten, ist die Durchführung einer Prüfung nicht für alle Datenqualitätsmerkmale möglich. Da das übergeordnete Prüfobjekt das PPS-System ist, können mit dem hier entwickelten Verfahren lediglich Daten geprüft werden, die in einem PPS-System bereits eingegeben sind.

Das bedeutet, daß die Datenqualitätsmerkmale, die sich auf Daten beziehen, die nicht in einem PPS-System eingegeben sind, aus der weiteren Betrachtung ausgeschlossen werden müssen. Um die Homogenität der Detaillierung auf der betrieblichen Seite von beispielsweise Stücklisten, Kapazitätseinheiten oder Arbeitsplänen zu untersuchen, sind umfangreiche Analysen sämtlicher erfaßter Objekte erforderlich. Zur Detaillierungsprüfung müßten eine komplette Istanalyse und ein Sollkonzept der Auftragsabwicklung erstellt werden, die unter anderem eine Auflistung der benötigten aber nicht vorhandenen Daten enthalten müßten. Erst dann könnten sinnvoll Vorgaben für eine geeignete Detaillierung erarbeitet werden.

Die Vollständigkeit wird von Datensätzen aus dem Ablauf eines PPS-Systems heraus teilweise automatisch verlangt. Beispielsweise hängt der Druck von Fertigungspapieren von Fertigungsaufträgen, Fertigungsaufträgen von Arbeitsplänen, Arbeitsplänen von Arbeitsgängen und Arbeitsgängen von Kapazitätsstammsätzen ab (vgl. TABAKA 1988, S. 40). Unter anderem aus diesem Grund umfassen heute Informations- und Kommunikationskosten bereits bis zu 48% der Gesamtkosten in der Auftragsabwicklung (vgl. LOOS 1989, S. 15). Das Hauptproblem bei einer Vollständigkeitsprüfung besteht jedoch darin, daß Daten zu berücksichtigen sind, die nicht im PPS-System eingegeben sind. Zur Vollständigkeitsprüfung müßte der reale Zustand unabhängig vom System beschrieben werden. Es reicht nicht aus, die in dem PPS-System vorhandenen Daten zu prüfen. Es fehlt folglich ein praktikabler Vergleichsmaßstab.

In bezug auf die systemseitige Transparenz werden von den Nutzern die unterschiedlichsten Wünsche geäußert. Je nach Aufgabenbereich und momentaner Aufgabenstellung eines Sachbearbeiters kann eine immer wieder neue Form der Zusammenstellung der Daten auf dem Bildschirm gefordert sein (vgl. KURPICZ 1987, S. 393 ff.). Je nach betrieblicher Situation ändert sich das Informationsbedürfnis bezüglich der Art der Zusammenstellung von Daten laufend (vgl. MINKE/V.D. MEER/MATTHES 1988, S. 56). Die Anforderungen hängen stark von dem individuellen Aufgabengebiet des jeweiligen Nutzers ab. Daher kann die Transparenz in einem gegebenen System nicht allgemeingültig festgelegt werden. Ein für die Prüfung erforderlicher Vergleichsmaßstab kann nicht aufgestellt werden.

Hinsichtlich der Relevanz müssen zwei Katagorien unterschieden werden. Die erste Kategorie behandelt Daten, die in dem System bereits dargestellt werden. Hier kann eine Prüfung erfolgen. Es existiert jedoch auch eine zweite Kategorie von Daten. So gibt es Daten, die zwar von den Nutzern als relevant gefordert werden, die aber von der gegebenen Funktionalität der Programme eines gegebenen PPS-Systems überhaupt nicht abgedeckt bzw. dargestellt werden. Um diese Daten zu bestimmen, müßte eigens eine Anforderungsanalyse durchgeführt werden, was aufgrund der oben dargestellten Abgrenzung nicht Gegenstand des hier entwickelten Verfahrens sein kann.

Daher können nur noch die Merkmale Fehlerhaftigkeit, Aktualität, Redundanz, Verständlichkeit und die Relevanz entsprechend der obigen Einschränkung als Qualitätsmerkmale für das Prüfverfahren dienen. Die informationelle Redundanz ist durch die Verständlichkeit und Relevanz bereits abgedeckt. Auf die Probleme mit der strukturellen Redundanz wird im weiteren noch eingegangen. Die Auswahl der Prüfmerkmale zur Prüfung der verbleibenden Qualitätsmerkmale ist innerhalb der Qualitätsprüfung der Aufgabengegenstand der Prüfplanung. Diese Auswahl muß anhand von Auswahlkriterien begründet werden. Die dazu erforderliche Herleitung erfolgt in dem folgenden Kapitel.

5. Prüfmerkmale und Kennzahlen zur Datenqualität

Prüfmerkmale sind Merkmale, anhand derer eine Prüfung durchgeführt wird (DIN 55350 1987, Teil 12). Die Auswahl von Prüfmerkmalen ist die erste und wesentliche, kreative Arbeit des Prüfplaners (vgl. MELCHIOR/KRING 1988, S. 488). Die oben behandelten Qualitätsmerkmale müssen den Anforderungen, die allgemein an Prüfmerkmale gestellt werden, im wesentlichen genügen, um Gegenstand einer Prüfung sein zu können.

5.1 Herleitung der Prüfmerkmale

Nach EVERSHEIM/PFEIFER (1988, S. V3/9) erfolgt die Auswahl von Prüfmerkmalen auf Basis:

- von **Erfahrungen** mit dem Prüfobjekt,

- von **Ergebnissen** aus bereits durchgeführten Prüfungen,

- der Möglichkeit **systematischer Fehler** und

- der **Meßbarkeit** der Prüfmerkmale.

Die folgende Herleitung geeigneter Prüfmerkmale folgt der bei der Beschreibung der Qualitätsmerkmale getroffenen Zweiteilung in **betriebliche Merkmale** und **systemseitige Merkmale** der Daten.

5.1.1 Prüfmerkmalsanforderungen an betriebliche Daten

Bei der Beschreibung der **Fehlerhaftigkeit** wurde bereits darauf hingewiesen, daß sie ausschließlich quantitative Datenfelder betrifft. Die Werte der quantitativen Datenfelder gehen mit anderen Werten in Berechnungen für Solldaten ein, die unmittelbar auf die Zielerreichung wirken. Durch die Rechenabläufe im Rahmen der Programme ist die Wirkung dieser Daten häufig nicht offensichtlich. Es ist nicht deutlich, wie stark einzelne Fehler auf das Gesamtergebnis wirken. Untersuchungen zeigen, daß einzelne quantitative Datenfelder in PPS-Systemen oft um ein Mehrfaches von den realen

Werten abweichen. Am Beispiel von Übergangszeiten wird dieser Umstand in der Abbildung 21 verdeutlicht. Der Fehler betrug bei einer Analyse der Summe von durchschnittlich 10 Übergangszeiten innerhalb der Arbeitspläne gegenüber den realen Verhältnissen im Vergleich zu den gespeicherten Daten annähernd 800 %!

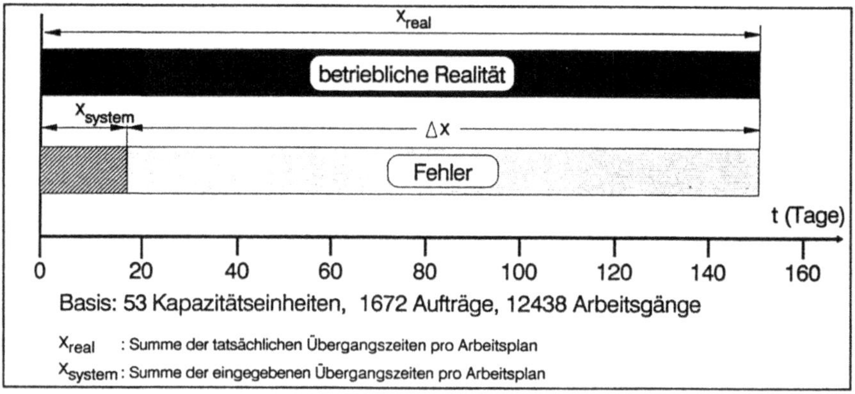

Abb. 21: Fehlerhaftigkeit von quantitativen Daten am Beispiel der Übergangszeit (VORSPEL-RÜTER 1990, S. 84)

Die hohe Fehlerhaftigkeit von quantitativen Datenfeldern hat oft systematische Ursachen. Die Werte der Daten werden von Anwendern teilweise unabhängig von den realen betrieblichen Verhältnissen maschinell in die Dateien eingelesen. Der eingegebene Wert ist ein grob geschätzter Mittelwert und für alle Objekte konstant. Um die Fehlerhaftigkeit eines betrieblichen Datenfeldes prüfen zu können, ist es erforderlich, für jede Größe den richtigen Wert in der betrieblichen Realität zu erfassen. Das ist mit aufwendiger Datenermittlung verbunden. Trotz der dadurch erschwerten Meßbarkeit soll wegen des starken Einflusses der quantitativen Datenfelder auf die Zielerreichung und der großen Abweichung vieler Systemwerte von der Realität die Fehlerhaftigkeit als Prüfmerkmal in das Verfahren einbezogen werden.

Wenn man die **Aktualität** einzelner Datenfelder prüfen will, dann muß man zu jedem Datenfeld ermitteln, wann in der Realität Veränderungen stattgefunden haben. VIRNICH (1988, S. 118) führt in diesem Zusammenhang die Relativität des Aktualitätsbegriffes (siehe

Abbildung 22) ein. Er unterscheidet zwischen dem Zeitpunkt der Datenerfassung und dem der Datenverwendung. Dabei hat VIRNICH keine Aussage darüber getroffen, wie die Abweichung der Aktualität zu messen ist.

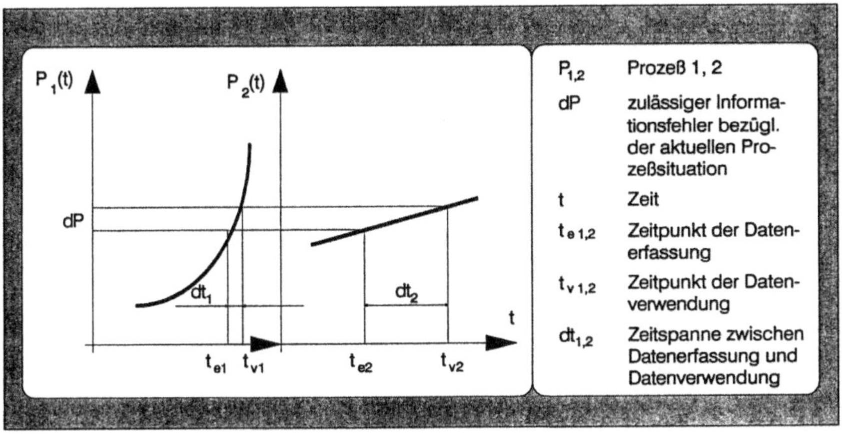

Abb. 22: Relativität der Aktualität (VIRNICH 1988, S. 118)

Abgesehen davon, daß in aller Regel im nachhinein nicht festgestellt werden kann, wann Ereignisse stattgefunden haben, bieten PPS-Systeme keine Möglichkeit, mit der Eingabe von Daten auch den Erfassungszeitpunkt zu speichern. Daher ist die Prüfung der Aktualität auf Datenfeldebene nicht möglich. Die Aktualitätsprüfung muß sich auf Datensätze beschränken.

Erfahrungen aus vielen Anwendungen zeigen, daß neben einzelnen Datenfeldern häufig ganze Datensätze in PPS-Systemen nicht aktuell sind. Die durch die Datensätze beschriebenen Objekte existieren in der Realität nicht mehr (vgl. BECK 1989, S. 261). Es handelt sich dann um sogenannte "Dateileichen". Oft sind 80 bis 90% der Bestände an Teilestämmen und Stücklisten veraltet (vgl. KRAMER 1989, S. 53). Die Wahrscheinlichkeit, daß auf solche Datensätze zugegriffen wird, geht gegen Null (vgl. MAIER 1989, S. 43). Dieser Umstand ist oft auf eine unzulängliche Unterscheidung und Trennung zwischen auftragsabhängigen und auftragsunabhängigen Datensätzen in PPS-Systemen zurückzuführen (vgl. ORTMANN 1984, S. 44 ff.). Kundenauftragsfertiger werden in den meisten Systemen gezwungen, für jedes kundenauftragsbezogene, d. h. einmalig terminierte, Objekt komplette auftragsneutrale Stammsätze anzulegen. Die Auswirkung dieser zwangsweisen Anlage ist ein stetiges Anwachsen der immer schwerer zu bewältigenden Datenflut (vgl. MÄUSL 1987, S. 19).

5.1.2 Prüfmerkmalsanforderungen an systemseitige Daten

Die Prüfbarkeit der **informationellen Redundanz**, die durch Verständlichkeit und Relevanz beschrieben ist, wird im Anschluß an die Untersuchung der strukturellen Redundanz behandelt. Die strukturelle Redundanz betrifft den Aufbau der den PPS-Systemen zugrundeliegenden Datenbank.

In weiten Bereichen der den Systemen zugrundeliegenden Datenbanken liegen **strukturelle Redundanzen** vor. Sie sind jedoch aus EDV-technischen Gründen nicht vermeidbar. Die Leistungsfähigkeit der heute verfügbaren Rechner reicht nicht aus, um derart komplexe Anwendungen wie PPS-Systeme strukturell völlig redundanzfrei abzubilden. In ihnen liegt daher teilweise fünf- bis fünfzehnfache Datenredundanz vor (vgl. SCHEER/HERTERICH/KLEIN 1990, S. 16 ff.). Sie wirkt sich negativ auf die Konsistenz von Daten aus (vgl. NESBIT 1986, S. 80 ff.). Inkonsistenzen bei wichtigen Feldern werden in PPS-Systemen reduziert, in dem Datenfelder Prüfroutinen in Form von logischen Abfragen unterliegen. Um die strukturelle Redundanz zu prüfen, müssen alle Dateien eines PPS-Systems untersucht werden. Es muß ermittelt werden, ob ein objektunabhängiges Datenfeld auch in anderen Dateien geführt wird. Das ist mit einem großen Analyseaufwand verbunden. Dazu müßten auf Basis der von CODD (1971) definierten Normalformen die Speicherhäufigkeit sämtlicher Daten ermittelt werden. Das ist technisch mit vertretbaren Aufwand nicht möglich. Deshalb wird die Prüfung der strukturellen Redundanz aus dem Verfahren ausgeschlossen.

Wegen mangelhafter **Verständlichkeit** messen die Anwender von PPS-Systemen der Mitarbeiterschulung bei der Einführung einen immer höheren Stellenwert bei. Es müssen umfangreiche Schulungen durchgeführt werden, damit die Nutzer mit der Bedeutung der einzelnen Datenfelder vertraut werden. Untersuchungen haben gezeigt, daß 63%

der Mängel von Softwaresystemen auf die Kategorie "mißverständlich, unklar und überflüssig" entfallen (vgl. ÖSTERLE 1982, S. 20). Bei der Kodierung von Bildschirmausgaben ist deshalb insbesondere die Verständlichkeit zu beachten. Sie hat erheblichen Einfluß auf die Akzeptanz eines PPS-Systems. Im ungünstigen Fall wird die Auseinandersetzung mit den Systemen gemieden und damit der Nutzen des eingesetzten Systems in Frage gestellt (vgl. HUNGERHOFF/HAMACHER/PAPE 1989, S. 44 f.).

Beim Einsatz von Standardsystemen der PPS wird nicht berücksichtigt, welcher betriebsindividuelle Wort- und Erfahrungsschatz vorliegt (vgl. BOLAY/BUCHMEIER 1989, S. 16). Die Verständlichkeitsprüfung von Datenfeldern beruht im wesentlichen auf der individuellen Einschätzung der Benutzer. Die Frage nach Verständlichkeit ist für jedes Datenfeld schnell beantwortbar und leicht erfaßbar. Damit ist das wichtige Kriterium der Meßbarkeit als Auswahlkriterium erfüllt, weshalb das Merkmal Verständlichkeit als Prüfmerkal in das Verfahren mit einbezogen wird.

Die **Relevanz** von Datenfeldern wird durch die zunehmende Funktionalität der heute angebotenen PPS-Systeme verringert. In die Systeme sind beispielsweise Reisekostenabrechnungen, Tourenplanung für LKW-Auslieferungsoptimierung, Weihnachtsgeldermittlung, Rezepturenrechnung usw. integriert. Die Relevanz der vom System vorgegebenen Datenfelder für den einzelnen Anwendungsfall wird damit verringert. Die Systeme sind funktional überfrachtet. Die Nutzer werden mit einem zunehmenden Datenvolumen konfrontiert. Die Frage, ob die vom System dargestellten Datenfelder Anwendern zweckorientiert Informationen liefern, wird selten gestellt (vgl. MATHIEU-/MENSCH 1989, S. 78). So haben Untersuchungen erwiesen, daß mehr als 70% aller Datenfelder als irrelevant eingestuft werden (siehe Abbildung 23).

Die Ursache für die abnehmende Relevanz der systemseitigen Daten liegt in der Tatsache begründet, daß PPS-Systeme üblicherweise auf Basis funktionaler Anforderungen ausgewählt werden (vgl. FINGER 1988b, S. 22 ff.). Dazu werden von Anwendern oder Beratern funktionale Pflichtenhefte erstellt (vgl. SCHILLING 1988, S. 36). Derjenige Anbieter, dessen System den höchsten Erfüllungsgrad liefert, bekommt in der Regel den Auftrag. Die Folge davon ist, daß

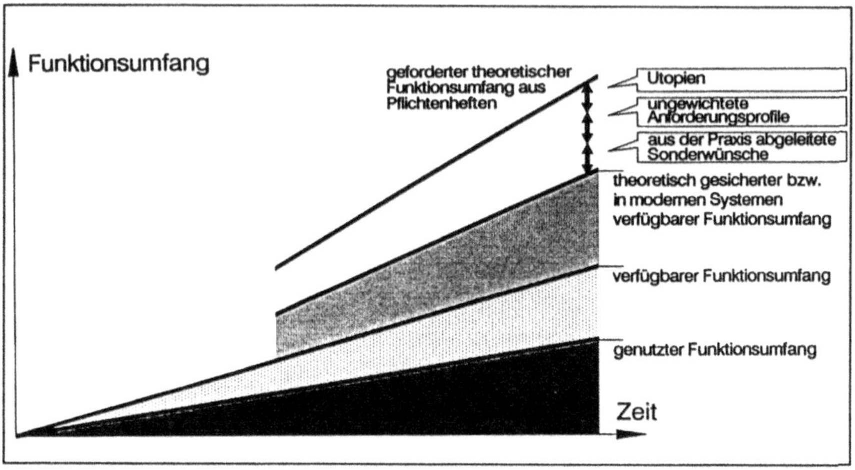

Abb. 23: Funktionsumfang von PPS-Systemen (BRANKAMP 1987, S. 9)

die Anbieter immer mehr Funktionen und damit immer mehr Datenfelder in die Systeme integrieren (vgl. v. LOEFFELHOLZ 1989, S. 328). Diese vielen Funktionen, die sich in einer wachsenden Zahl von Datenfeldern manifestieren, erfordern immer größeren Schulungs-, Datenerfassungs- und -pflegeaufwand (vgl. FAGENZER 1988, S. 45). Die Relevanz ist daher ein wichtiges Prüfmerkmal und überdies leicht durch Befragung der Nutzer erfaßbar. Deshalb wird die Relevanz als Prüfmerkmal weiter berücksichtigt.

Bezieht man die Relevanz von Datenfeldern als weiteres Prüfmerkmal mit ein, dann verbleiben hinsichtlich der systemseitigen Daten die **Prüfmerkmale Verständlichkeit und Relevanz**. Insgesamt sind damit vier Prüfmerkmale zu berücksichtigen (siehe Abbildung 24). Sie erfüllen alle das Kriterium der Meßbarkeit und berücksichtigen die Gefahr der Auswirkungen systematischer Fehler. Darüber hinaus liegen hinreichende Erfahrungen und Ergebnisse über die Mangelhaftigkeit von PPS-Daten hinsichtlich dieser Prüfmerkmale vor.

5.2 Qualitätskennzahlen zur Auswertung der Prüfergebnisse

Die Prüfung der Daten hinsichtlich dieser Merkmale führt unmittelbar auf die Frage, wie die gewonnenen Prüfergebnisse ausgewer-

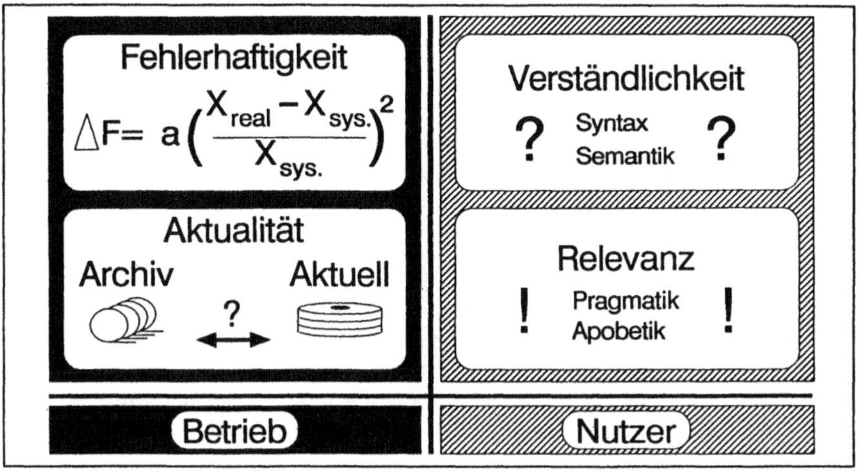

Abb. 24: Prüfmerkmale zur Überprüfung der Datenqualität

tet werden sollen. Daher werden im nächsten Kapitel Qualitätskennzahlen festgelegt. Diese bilden die Prüfergebnisse hinsichtlich Fehlerhaftigkeit und Aktualität der betrieblichen Daten sowie Verständlichkeit und Relevanz der systemseitig vorgegebenen Daten in einer ersten Verdichtungsstufe ab. Bevor auf Qualitätskennzahlen zur Darstellung der Datenqualität von PPS-Systemen eingegangen wird, soll zunächst die oben schon angesprochene Zuordnung der Prüfmerkmale zu den Prüfobjekten "Daten" hervorgehoben werden. Dazu werden Abkürzungen eingeführt, die bei der Festlegung der Qualitätskennzahlen verwendet werden.

5.2.1 Zuordnung der Prüfmerkmale zur Datenstruktur

Prüfobjekte sind die Daten eines PPS-Systems. Wie die im Rahmen der Definitionen erläuterte Klassifizierung von Daten gezeigt hat, gibt es unterschiedliche Strukturebenen von Daten. Die oben behandelten Prüfmerkmale beziehen sich jeweils nur auf bestimmte Strukturebenen von Daten. Innerhalb der Sturkturebenen kann zusätzlich zwischen den betrieblichen und den systemseitigen Daten unterschieden werden. Die Ausprägung betrieblich soll im weiteren Verlauf mit dem Index **j** und die Ausprägung systemseitig mit dem Index **i** versehen werden. Bevor eine Zuordnung der Prüfmerkmale vorgenommen wird, sollen die Abkürzungen, wie sie in den weiteren Formeln verwendet werden, eingeführt werden:

D - Datei eines PPS-Systems
DS - Datensatz innerhalb einer Datei
DF - Datenfeld innerhalb eines Datensatzes
q - Index für quantitative Datenfelder

Die Aktualität wird aus Gründen der Meßbarkeit immer für ganze Datensätze (DS_j) untersucht. Alle Datensätze einer Objektart werden gemeinsam in einer Datei (D_i) abgelegt. Die Fehlerhaftigkeit bezieht sich auf die Werte einzelner betrieblicher Datenfelder (DF_j). Es werden nur quantifizierbare Datenfelder (DF_{qj}) betrachtet. Welche der quantifizierbaren Datenfelder (Wiederbeschaffungszeiten und/oder Vorgabezeiten und/oder Meldebestände etc.) aus den Datensätzen untersucht werden sollen, muß im Vorfeld systemseitig festgelegt werden. Die Prüfmerkmale Relevanz und Verständlichkeit beziehen sich immer auf die systemseitigen Datenfelder (DF_i). Das übergeordnete Prüfobjekt ist dabei jeweils die zu untersuchende Datei (D_i). Die Prüfergebnisse pro Datenfeld liefern noch keine Aussage über die Datenqualität einer Datei oder eines gesamten PPS-Systems. Daher ist eine Verdichtung erforderlich. Diese Verdichtung wird in einem ersten Schritt anhand von Qualitätskennzahlen vorgenommen.

5.2.2 Qualitätskennzahlen zur Verdichtung der Ergebnisse

Nach HACKSTEIN (1988, S. 309) sind Kennzahlen Verhältniszahlen oder absolute Zahlen, die in konzentrierter Form über einen zahlenmäßig erfaßbaren betrieblichen Tatbestand informieren. Insbesondere bieten sich Kennzahlen zur zusammenfassenden Darstellung einer Vielzahl von Einzelergebnissen an. Bei der Auswertung der Ergebnisse von Qualitätsprüfungen werden solche Kennzahlen als Qualitätskennzahlen bezeichnet. "Eine Qualitätskennzahl ist ein Kennwert, der mit Hilfe des dazugehörigen Qualitätskennzahlensystems ermittelt wird und die Beurteilung der Qualität bzw. den Vergleich mit Qualitätsstandards zuläßt." (NN 1984, S. 11). Die Qualitätskennzahlen, bezogen auf die oben festgelegten Prüfmerkmale, sind in der Abbildung 25 zusammengefaßt.

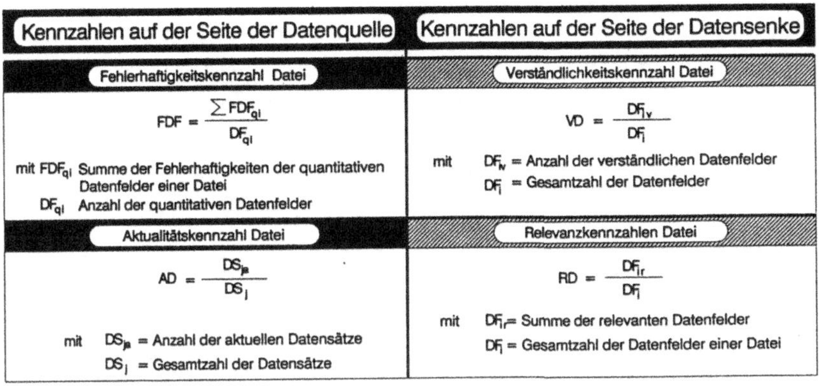

Abb. 25: Qualitätskennzahlen zur Ermittlung der Datenqualität

Diese Kennzahlen können in ihrer Auswirkung auf den mittleren Informationsgehalt folgendermaßen interpretiert werden. Ist die Verständlichkeit der systemseitigen Datenfelder eines PPS-Systems in weiten Bereichen nicht gegeben, dann wird auf diese nicht zugegriffen. Dasselbe gilt für nicht relevante Datenfelder. Wenn Datensätze innerhalb von Dateien nicht mehr aktuell sind, dann bedeutet das ebenfalls, daß auf diese Datensätze nicht zugegriffen wird. Insofern reduzieren geringe Werte der ersten drei Kennzahlen die Anzahl der Daten, auf die zugegriffen wird, und damit unmittelbar den mittleren Informationsgehalt eines Systems.

Die Fehlerhaftigkeitskennzahl steht nur in einem indirekten Zusammenhang zum Informationsgehalt. Wenn das System mit Werten arbeitet, die stark von denen der betrieblichen Realität abweichen, sinkt die Akzeptanz des Systemes und der Zugriff auf die Daten geht zurück. Die damit verbundene Wirkung auf den mittleren Informationsgehalt wird in Kapitel 9. abgeschätzt.

6. Einsatz von Stichprobenverfahren

Aufgrund der Vielfalt und Menge der Daten muß man sich bei der Ermittlung der Qualitätskennzahlen auf Stichproben beschränken. Die Auswahl von geeigneten Stichprobenstrategien nimmt erheblichen Einfluß auf die Genauigkeit der letztlich ermittelten Prüfergebnisse und die Praktikabilität des Verfahrens. In den folgenden drei Kapiteln soll daher auf die geeignete Zusammenstellung der Stichprobe eingegangen werden.

Im Zusammenhang mit Stichprobenverfahren wird eine Reihe fachspezifischer Begriffe verwendet. Diese werden zunächst erläutert und mit den Merkmalen zur Datenqualität in Verbindung gebracht. Im nächsten Schritt werden mathematische Voraussetzungen erklärt. Darauf aufbauend werden schließlich die verschiedene Arten der Stichprobenverfahren dargestellt.

6.1 Begriffe im Zusammenhang mit Stichprobenverfahren

Nach STENGER (1986, S. 9 ff.) haben statistische Erhebungen Aussagen über sogenannte **Untersuchungseinheiten** zum Ziel. Diejenigen Einheiten, über die man sich Zugang zu den benötigten Daten verschafft, nennt man **Erhebungseinheiten**. Untersuchungseinheiten sind die Einheiten, über die man Information haben möchte. Für die Überprüfung auf Verständlichkeit und Relevanz sind dies die systemseitigen Datenfelder (DF_i) eines PPS-Systems. Für die Überprüfung auf Aktualität sind es die betrieblichen Datensätze (DS_j) und für die Überprüfung auf Fehlerhaftigkeit die quantitativen betrieblichen Datenfelder (DF_{qj}) innerhalb von aktuellen Datensätzen. Die Erhebungseinheiten sind die Datensätze in den unterschiedlichen Dateien eines PPS-Systems.

Die Summe aller Untersuchungseinheiten wird als Untersuchungsgesamtheit, die Summe aller Erhebungseinheiten entsprechend als Erhebungsgesamtheit bezeichnet. Die Untersuchungsgesamtheit kann aus Gründen der Praktikabilität in Teilgesamtheiten unterteilt werden. Solche Teilgesamtheiten werden **Schichten** genannt. Auf die verschiedenen Arten der Aufteilung in Schichten wird in Kapitel 7. eingegangen. In allen Fällen wird damit eine Verringerung der

Prüfumfänge bezweckt. Werden alle Untersuchungseinheiten der Gesamtheit auf die interessierenden Merkmale hin untersucht, so nennt man dies eine **Vollerhebung**. Begnügt man sich mit einer stichprobenartigen Auswahl der Einheiten innerhalb der Grundgesamtheit, so bezeichnet man dies auch als Teilerhebung bzw. **Stichprobe** (vgl. LEINER 1985, S. 1).

Die Untersuchungseinheiten werden auf Prüfmerkmale hin untersucht (vgl. BILLETER 1970a, S. 59). Diese können qualitativer Art sein wie im Falle der Verständlichkeit, Relevanz und Aktualität oder auch, wie im Falle der Fehlerhaftigkeit, quantitativ. Nach HEINHOLD/GAEDE (1979, S. 217) spricht man bei der Untersuchung im Hinblick auf quantitative Merkmale von einer **Variablenprüfung** und im Fall der Prüfung qualitativer Merkmale von einer **Attributprüfung**.

6.2 Mathematische Grundlagen von Stichprobenverfahren

Aus einer Variablenprüfung erhält man eine Reihe von Merkmalswerten. Diese werden im Anschluß an die Erhebung zu einer Gesamtaussage verdichtet. Dazu wird eine gewisse Anzahl aussagekräftiger und gut vergleichbarer Kennwerte benötigt, die die tatsächliche Verteilung der Einzelwerte möglichst genau wiedergeben. Die Grundlage für die Aufstellung dieser Kennwerte bildet die Annahme, daß sich die Verteilung der Merkmalswerte durch eine mathematische Funktion beschreiben läßt. Übliche Funktionen sind die nachfolgend aufgeführten und in der Abbildung 26 dargestellten.

Besitzt eine Untersuchungseinheit nur zwei mögliche Merkmalsausprägungen (z.B. 0 und 1), so kann die Verteilung durch eine **Binomialverteilung** (1) beschrieben werden. Dabei ist p(x) die Wahrscheinlichkeit, daß unter n aus der Untersuchungsgesamtheit zufällig durch Ziehen mit Zurücklegen ausgewählten Untersuchungseinheiten x Einheiten z.B. das Merkmal 1 aufweisen, wenn unter den N Einheiten der Untersuchungsgesamtheit M Einheiten dieses Merkmal aufweisen (vgl. PFANNZAGL 1978, S. 18 ff.).

$$p(x) = \binom{n}{x} \left(\frac{M}{N}\right)^{x} \left(1 - \frac{M}{N}\right)^{n-x} \qquad (1)$$

Bei gleichen Vorgaben wie bei der Binomialverteilung, jedoch unter Ziehen ohne anschließendes Zurücklegen, wird als beschreibende Funktion üblicherweise die **hypergeometrische Verteilung** (2) gewählt. Die verwendeten Bezeichnungen entsprechen denen zur Binomialverteilung (vgl. KREYSZIG 1979, S. 120 f.).

$$p(x) = \frac{\binom{M}{x}\binom{N-M}{n-x}}{\binom{N}{n}} \qquad (2)$$

Liegen wiederum die gleichen Voraussetzungen wie bei der Binomialverteilung vor, hat man jedoch nur einen kleinen Anteil von Untersuchungseinheiten, deren Merkmalswerte um einen Mittelwert μ streuen, und entnimmt große Stichproben, so wird zur leichter handhabbaren Approximation die **Poisson-Verteilung** (3) (vgl. DEMING 1953, S. 418 ff.) gewählt.

$$p(x) = \frac{\mu^x}{x!} e^{-\mu} \qquad (3)$$

Sind die Merkmalswerte das Resultat einer Reihe von Einflußfaktoren, deren Wirkung sich über der Zeit akkumuliert, so wird eine **Exponentialverteilung** (4) als Grundlage zur Kennzahlbildung gewählt. Dabei gibt Θ den Mittelwert und Θ^2 die Varianz der Verteilungskurve an (vgl. MACE 1964, S. 13 ff.).

$$p(x) = \frac{1}{\Theta} e^{-x/\Theta} \qquad (4)$$

Hat die Verteilung der Merkmalswerte ein ausgeprägtes Extremum und gehen die Wahrscheinlichkeiten für eine große Abweichung von diesem Wert gegen 0, wird die Verteilung durch die **Normalverteilung** (5) beschrieben. Hierbei stellt μ den Mittelwert der Verteilung dar und σ die Streuung der Werte um diesen Mittelwert (vgl. STORM 1979, S. 58 ff.). Die oben aufgeführten Verteilungsfunktionen sind in der Abbildung 26 nochmals zusammengefaßt.

$$p(x) = \frac{1}{\sqrt{2\pi}\,\sigma} \exp\left[-\frac{1}{2}\left(\frac{x-\mu}{\sigma}\right)\right]^2 \qquad (5)$$

Nach MACE (1964, S. 13) ist die Normalverteilung zu verwenden, wenn die betrachtete Größe Ergebnis zufälliger, untereinander weitgehend unabhängiger Einflüsse ist. Dies ist bei den zu untersuchenden betrieblichen Daten in der Regel der Fall. Daher wird die **Normalverteilung** als am besten geeignete Beschreibungsfunktion für die Verteilung der Kennwerte weiter verwendet. Die Kenngrößen der Normalverteilung werden dazu nachstehend vertieft.

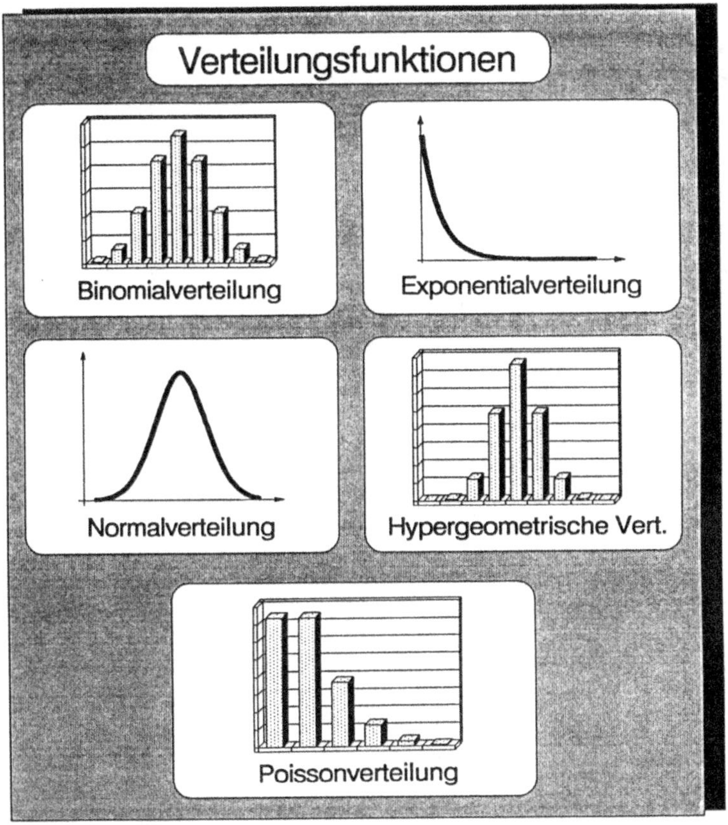

Abb. 26: Verlauf verschiedener Verteilungsfunktionen

Die wichtigste Größe zur Beschreibung der Normalverteilung ist der **Mittelwert**. Er wird mit μ bezeichnet. Im weiteren Verlauf der Arbeit wird der Mittelwert jeweils durch einen waagerechten Strich über dem zugehörigen Kennwert gekennzeichnet. Man erhält ihn nach STENGER (1986, S. 11 ff.) als arithmetischen Mittelwert über die

Merkmalswerte. Er ergibt sich also für eine Liste von Merkmalswerten $x_1, \ldots x_n$ zu:

$$x = \frac{\Sigma x_i}{n}$$

Die mathematische Normalverteilung ist bezüglich des Mittelwertes achsensymmetrisch. Eine Abweichung vom Idealfall beeinträchtigt nach ARKIN (1963, S. 63 ff.) jedoch nicht die Anwendbarkeit des mathematischen Modells. Die Normalverteilung besitzt zwei **Wendepunkte** in x_w.

$$x_w = \bar{x} \pm \sigma$$

Dabei ist σ ein Maß für die **Streuung** der Werte um den Mittelwert. Dieses Maß kann nach BOSCH (1985, S. 20 ff.) direkt aus den Merkmalswerten anhand der Summe ihrer Abstände vom Mittelwert bestimmt werden.

$$\sigma^2 = \frac{1}{n-1} \Sigma (x_i - \bar{x})^2$$

Die Streuung hat als Parameter der Normalverteilung eine weitere Bedeutung. Nach DÜRR (1987, S. 81 ff.) ist für alle Normalverteilungen der prozentuale Anteil der Teilfläche über dem **Intervall**

$$[(\bar{x} - k\sigma); (\bar{x} + k\sigma)]$$

an der Gesamtfläche zwischen der Kurve und der Abszisse gleich groß. k ist dabei ein beliebiger Faktor größer 0. Abbildung 27 zeigt Beispiele für den Anteil der Teilflächen für verschiedene k. Anhand dieser Anteile kann gleichzeitig nach ARKIN (1963, S. 60 ff.) die Wahrscheinlichkeit dafür ausgedrückt werden, daß bei zufälliger Auswahl einer Untersuchungseinheit aus der zugrundeliegenden Gesamtheit diese einen Wert aus einem vorgegebenen Intervall aufweist. Diese Aussage ist speziell für die Auswertung von Stichprobenerhebungen von Bedeutung. Bei Stichproben wird nur ein Teil der als normalverteilt angenommenen Werte der Untersuchungsgesamtheit betrachtet. Es besteht daher die Möglichkeit, daß der anhand der Stichprobe bestimmte Mittelwert von dem tatsächlich in der Grundgesamtheit vorliegenden abweicht. Unter Zuhilfenahme der oben angestellten Überlegung kann nun das **Risiko einer Falschaus-**

sage abgeschätzt werden. Nach STORM (1979, S. 143 ff.) gilt, daß die Wahrscheinlichkeit für eine maximale Abweichung d zwischen dem tatsächlichem Mittelwert X und dem aus der Stichprobe ermitteltem Wert x

$$d = |\bar{X} - \bar{x}| \leq k \frac{\sigma}{\sqrt{n}}$$

gleich dem Anteil der Teilfläche über dem zugehörigen oben aufgeführten Intervall ist. Der Parameter k dient dabei als Äquivalent für die Wahrscheinlichkeit einer richtigen Aussage. Die Umrechnung erfolgt mit Hilfe der oben angeführten Tabelle. Das Intervall d wird auch als **Konfidenzintervall** bezeichnet, σ ist die Streuung in der Untersuchungsgesamtheit und n steht für den Stichprobenumfang. Im Falle der Untersuchung der Datenqualität ist die reale Streuung in der Untersuchungsgesamtheit nicht bekannt. Sie kann jedoch nach STORM (1979, S. 145 f.) durch die Streuung in der Stichprobe abgeschätzt werden. Bei gegebener Streuung sowie festgelegten d und k als wählbare Genauigkeitsanforderungen an das Ergebnis einer Stichprobenuntersuchung erhält man den zur Einhaltung der Vorgaben erforderlichen **Mindeststichprobenumfang** durch Umformung der Gleichung für das Konfidenzintervall.

Werte für K	Anteil der Teilfläche
$\pm$ 1,00	68,26%
$\pm$ 1,65	90,00%
$\pm$ 1,96	95,00%
$\pm$ 2,33	98,00%
$\pm$ 2,58	99,00%
$\pm$ 3,00	99,73%
$\pm$ 3,30	99,90%

Abb. 27: Wertetabelle für k (vgl. ARKIN 1963, S. 43)

6.3 Arten von Stichprobenverfahren

In Abschnitt 6.1 wurde bereits auf die Begriffe Vollerhebung und Stichprobe eingegangen. Der entscheidende Vorteil von Stichprobenuntersuchungen ist nach LEINER (1985, S. 1 f.) der wesentlich geringere Aufwand. Es gibt jedoch Einschränkungen hinsichtlich der Anwendbarkeit von Stichprobenverfahren. So müssen die interessierenden Merkmale als Massenerscheinungen auftreten (vgl. KREYSZIG 1979, S.13 f.). Im Falle der Überprüfung der Datenqualität liegen drei verschiedene Typen von Untersuchungseinheiten vor. Dies sind die systemseitig vorgegebenen Datenfelder sowie die betriebsseitig eingegebenen Datensätze und die quantitativen betrieblichen Datenfelder. In allen drei Fällen hat man es mit sehr großen Umfängen zu tun, so daß eine Einschränkung des Prüfaufwandes anhand von Stichproben erhebliche Vorteile mit sich bringen kann.

Bei den Stichprobenverfahren wird zwischen **Zufallsstichproben** und **Beurteilungsstichproben** unterschieden. Beurteilungsstichproben sind Stichproben, bei denen auf Grund bewußter Überlegung und gezielter Auswahlmaßnahmen ein repräsentatives Ergebnis erzielt wird (vgl. HARTUNG 1989, S. 315 ff.). Es werden nur solche Einheiten betrachtet, die als wichtig gelten. Die Beurteilungsstichprobe wird zur gezielten Auswahl der Dateien und der systemseitig vorgegebenen quantitativen Datenfelder verwendet. Die Vorgehensweise zur Beurteilungsstichprobe wird in dem nachfolgenden 7. Kapitel vor-gestellt.

Im Gegensatz zu diesem Vorgehen ist bei der Zufallsstichprobe die zufällige Auswahl entscheidend. "Man muß den Aufbau der Stichprobe dem Zufall überlassen.... Man darf nicht auswählen nach Kennzeichen, deren Wahrscheinlichkeit eine Rolle spielt." (FREUDENTHAL 1981, S. 58). Ist diese Voraussetzung nicht erfüllt, dann dürfen die Formeln der Statistik zur Bewertung der Ergebnisse nicht verwendet werden. Um die Anwendbarkeit der Statistik zu gewährleisten, muß also eine Zufallsauswahl vorliegen. Auf die konkrete Gestaltung der Zufallsauswahl von Datensätzen wird in Kapitel 8. eingegangen.

7. Beurteilungsstichprobe der systemseitigen Datenfelder

Anhand einer Beurteilungsstichprobe werden die wichtigsten Dateien eines PPS-Systems ermittelt. Des weiteren werden mit Hilfe einer Beurteilungsstichprobe die auf Fehlerhaftigkeit zu prüfenden Datenfelder systemseitig festgelegt.

7.1 Dateifestlegung auf Basis der PPS-Funktionen

Eine Auswahl der wichtigsten Dateien ist wegen der großen Zahl von zwischen ca. 300 bis 1500 unterschiedlichen Dateien in PPS-Systemen erforderlich. Dabei handelt es sich bei der Mehrzahl um rein interne Verarbeitungs- oder Auswertungsdateien. Aber auch noch die Zahl der für den Anwender zu bearbeitenden Dateien beträgt bei kleinen Systemen etwa 25 - 35 und kann sich bei größeren Systemen auf über 200 Dateien belaufen. Bevor auf die Vorgehensweise zur Auswahl der Dateien eingegangen wird, wird ein grober Überblick über die wichtigsten Dateien in PPS-Systemen gegeben (siehe Abbildung 28).

7.1.1 Untersuchung der PPS-Dateien

Eine vollständige Aufzählung aller in PPS-Systemen enthaltenen Dateien ist nicht möglich. Dazu sind die Systeme der verschiedenen Anbieter hinsichtlich Inhalt, Aufgabe und Art der Dateien zu unterschiedlich aufgebaut. Trotz dieser starken Unterschiede lassen sich dennoch einige grundlegende Gemeinsamkeiten herausarbeiten. Dazu wurden sechs Standardsysteme der PPS intensiv untersucht.

Wie in Kapitel 2. bereits erwähnt wurde, wird zwischen auftragsab- und auftragsunabhängigen, bzw. terminab- und terminunabhängigen Daten unterschieden. Dafür werden üblicherweise die Begriffe **Stamm-** und **Bewegungsdateien** verwendet, obwohl innerhalb der Dateien in der Praxis oft beide Datenklassen vorkommen (vgl. MEYNERT 1990, S. 10). Es wurden insgesamt neun Stamm- und sechs Bewegungsdateien analysiert, da lediglich diese in allen sechs untersuchten Systemen gleichermaßen und vergleichbar vorhanden waren.

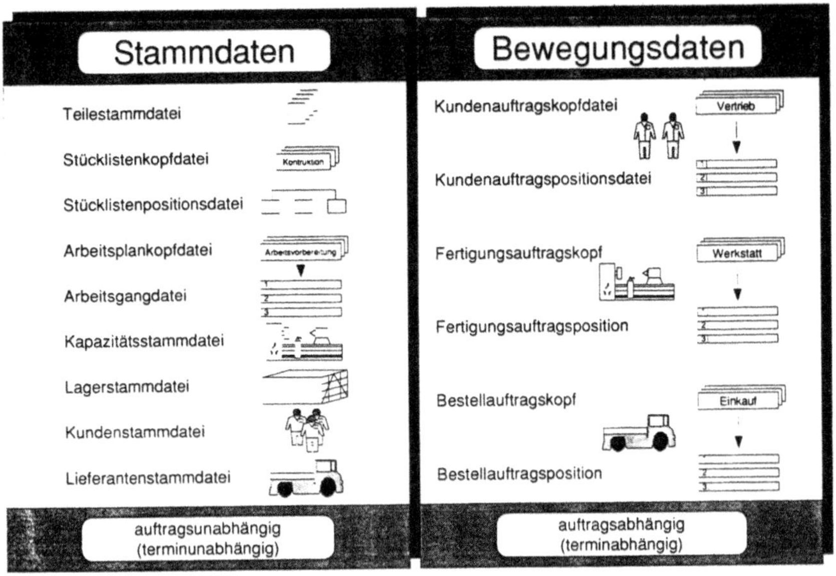

Abb. 28: Beispiele für wichtige Dateien in PPS-Systemen

Bei den Bewegungsdateien schwankt die Anzahl der in ihnen systemseitig vorgegebenen Datenfelder sehr stark, so daß keine aussagekräftigen Ergebnisse über die Datenfelder erzielt werden können. Anders verhält sich dies bei den Stammdateien. Für diese wurden die entsprechenden Datengerüste ermittelt (siehe Abbildung 29). Neben der durchschnittlichen Anzahl von systemseitigen Datenfeldern in den Stammdateien, die zahlenmäßig angegeben ist, werden die jeweils gezählten Maximal- und Minimalwerte dargestellt.

Erwartungsgemäß werden in Teilestammdateien mit durchschnittlich 128 die meisten Datenfelder verwaltet. Bei einem System wurden sogar 237 verschiedene Datenfelder im Teilestamm ermittelt. Sehr umfangreich sind bei der Mehrzahl der untersuchten Unternehmen auch die Lieferanten- und Kundenstammsätze. Sie umfassen durchschnittlich jeweils ca. 70 Datenfelder. Im Maximum wurde sogar mehr als das Doppelte festgestellt. Auffällig ist auch die relativ große Anzahl von Datenfeldern bei den Arbeitsgangdaten. Hier werden die oft sehr detaillierten Angaben der Fertigungssteuerung deutlich.

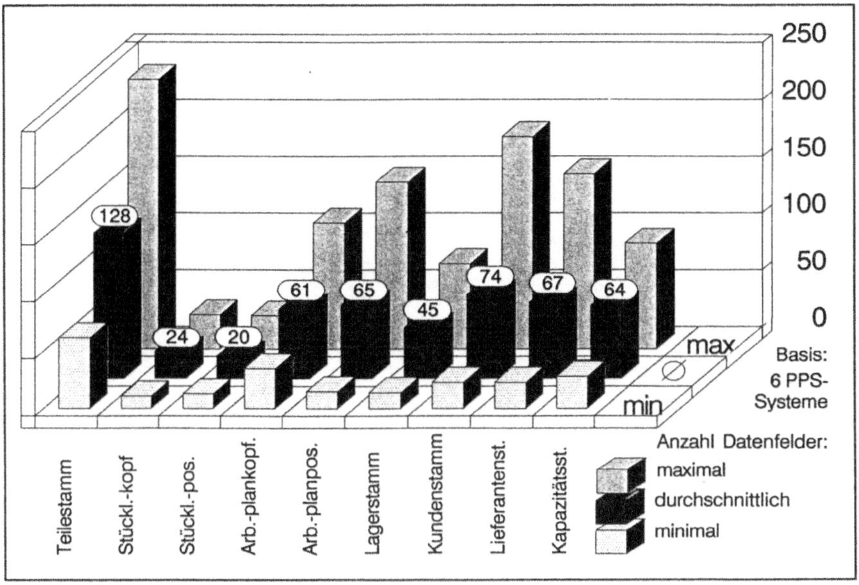

Abb. 29: Anzahl der systemseitigen Datenfelder in Stammdateien

Neben dem hier erwähnten sehr kleinen Ausschnitt wird in PPS-Systemen noch eine große Anzahl weiterer Dateien verwaltet. Beispielsweise sind dies Inventurbewertungs-, Preis-, Konditions-, Verkaufsanalyse-, Vertreter-, Vorrichtungs-, Kostenstellen-, Personalstamm-, Kostenartendateien usw. Welche Dateien letztlich für das Unternehmen von Bedeutung sind, kann nur individuell entschieden werden. Die Vorgehensweise dazu wird im folgenden erläutert.

7.1.2 Vorgehensweise zur Ermittlung der Dateien

Im Zuge des Verfahrens sollen, wie oben dargestellt, nur die für den jeweiligen Betrieb wichtigsten Dateien eines PPS-Systems auf ihre Datenqualität hin geprüft werden. Auf diese wird im Verlauf der Auftragsabwicklung bevorzugt zugegriffen. Sie leisten damit den höchsten Beitrag zum Informationsgehalt eines PPS-Systems. Die Wichtigkeit einer Datei hängt eng mit den durch sie abgedeckten PPS-Funktionen zusammen. Daher erfolgt die Auswahl der zu untersuchenden Dateien durch eine **Zuordnung zwischen den Dateien und**

den Hauptfunktionen der PPS. Es wird festgestellt, welche Datei zur Durchführung welcher Funktion benötigt wird.

Funktionen der PPS			Dateien des PPS-Systemes / laufende Dateinummer :	Gew.-Faktor g_i			
1	Produktionsprogrammplanung	1	Prognoserechnung (Erzeugnisse)				
		2	Prognoserechnung (Teile & Gruppen)				
		3	Grobplanung des Produktionsprog.				
		4	Grobplanung der Konstruktionserz.				
		5	Grobplanung der Standarderz.				
		6	Lieferterminbestimmung				
		7	Kundenauftragsverwaltung				
		8	Vorlaufsteuerung der Konstruktion				
		9	Vorlaufsteuerung der Arbeitsplanung				
2	Mengenplanung	1	Bruttobedarfsermittlung				
		2	Nettobedarfsermittlung				
		3	Beschaffungsrechnung				
		4	verbrauchsgesteuerte Bedarfsermittlg.				
		5	Bestandsführung				
		6	Bestandsreservierung				
		7	Bestellschreibung				
		8	Lieferantenauswahl				
		9	Bestellüberwachung				
3	Termin- u. Kapazitätsplanung	1	Durchlaufterminierung				
		2	Kapazitätsbedarfsrechnung				
		3	Kapazitätsabstimmung				
		4	Reihenfolgeplanung				
		5	Kapazitätsangebotsermittlung				
4	Auftragsveranlassung	1	Werkstattauftragsfreigabe				
		2	Arbeitsbelegerstellung				
		3	Verfügbarkeitsprüfung				
		4	Arbeitsverteilanweisung				
		5	Steuerung des Materialtransportes				
5	Auftragsüberwachung	1	Arbeitsfortschrittserfassung				
		2	Wareneingangserfassung				
		3	Kapazitätsüberwachung				
		4	Werkstattauftragsüberwachung				
		5	Kundenauftragsüberwachung				
		6	Kundenauftragsbezug				
Summe			absolute Wichtigkeit WD_i				
			relative Wichtigkeit W_i				

Abb. 30: Aufbau der Zuordnungsmatrix: PPS-Funktionen - Dateien

Die korrekte Zuordnung von Dateien zu den PPS-Funktionen setzt ein gutes Verständnis für die internen Abläufe von PPS-Systemen voraus. Es müssen dabei außerdem die Beziehungen der Dateien untereinander beachtet werden. Auf eine detaillierte Beschreibung der Funktionen eines PPS-Systems wird an dieser Stelle verzichtet. Sie findet sich bei HACKSTEIN (1989a), SPEITH (1982, S. 17 ff.) sowie bei ROOS, FÖRSTER u. v. LOEFFELHOLZ (1988). Die bei diesen Autoren aufgeführten Funktionen werden für die Matrix nach Abbildung 30 verwendet. Ausgenommen sind die Teilfunktionen des Bereiches der Datenverwaltung. Diese werden durch alle in PPS-Systemen zur Verfügung stehenden Dateien gleichermaßen abgedeckt und können daher nicht als Auswahlkriterien dienen. Anhand der dargestellten Matrix kann die Zuordnung von Dateien und PPS-Funktionen leicht vorgenommen werden.

Die einzelnen Teilfunktionen der PPS können für die Auftragsabwicklung der verschiedenen Unternehmen unterschiedliche Bedeutung haben (vgl. BRIEF 1984, S. 90). Daher ist es sinnvoll, eine individuelle **Gewichtung** g_i der Funktionen zu ermöglichen. Die Gewichtungsfaktoren können den Wert 3 für wichtige Funktionen, 2 für Funktionen mittlerer Wichtigkeit und 1 für Funktionen geringer Wichtigkeit annehmen. In der Matrix nach Abbildung 30 ist die erste Spalte für die Vergabe der Gewichtungsfaktoren vorgesehen. Für jede einzelne Datei werden die Gewichtungsfaktoren der durch sie beeinflußten Funktionen Zg_i aufaddiert zur absoluten Wichtigkeit:

$$WD_i = \Sigma\, Zg_i$$

Anhand der sich ergebenden Werte können im weiteren Verlauf die zu untersuchenden Dateien ermittelt werden. Die Zugriffswahrscheinlichkeit auf eine Datei wird abgeschätzt anhand des relativen Wichtigkeitsgrades $W_i = WD_i/\Sigma\, g_i$, wobei nur die Wichtigkeiten der Dateien in die Bestimmung des relativen Wichtigkeitsgrades eingehen, die für eine weitere Untersuchung ausgewählt werden (siehe Abbildung 31). Die festgelegten Dateien werden in absteigender Folge nach ihrer Wichtigkeit sortiert. Die Datei mit dem höchsten Wichtigkeitswert ist diejenige mit der größten Zugriffswahrscheinlichkeit. Mit der Prüfung beginnt man zunächst bei dieser Datei. Wenn man sich ab einem bestimmten Wichtigkeitswert dazu entscheidet, nicht mehr zu prüfen, dann entfällt gleichzeitig auch die Prüfung aller Dateien geringerer Wichtigkeit. Die Entscheidung über die Zahl der zu prüfenden Dateien wird unter Aufwandsgesichtspunkten getroffen. Näheres dazu findet sich in Kapitel 9.

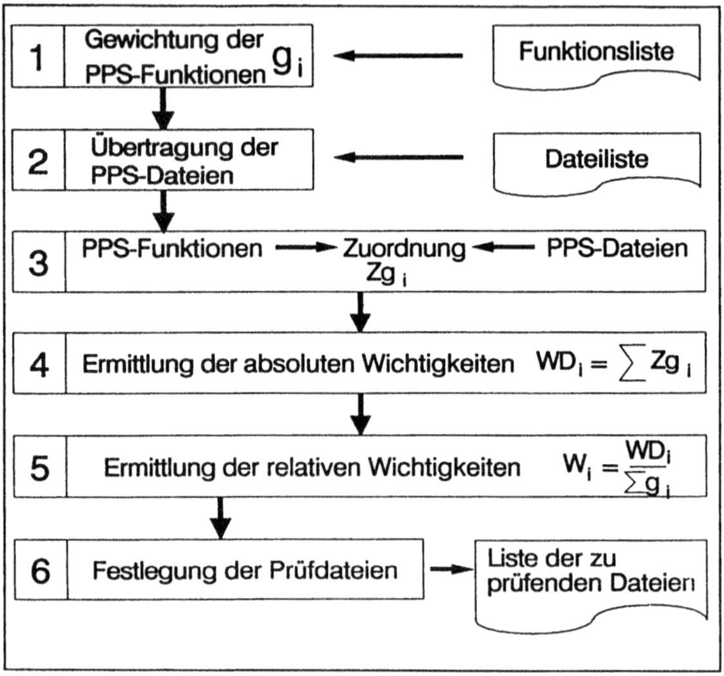

Abb. 31: Schritte der Beurteilungsstichprobe zur Dateifestlegung

Wie aus Gründen des zu hohen Prüfaufwandes nicht alle Dateien geprüft werden können, ist es auch nicht möglich, alle vom System vorgegebenen Datenfelder innerhalb der ausgewählten Dateien auf Fehlerhaftigkeit ihrer Werte zu prüfen. In Kapitel 4. und 6. wurde bereits begründet, warum nur die quantifizierenden Datenfelder eines PPS-Systems hinsichtlich der Fehlerhaftigkeit ihrer Werte geprüft werden. Die Festlegung der wichtigsten quantitativen Datenfelder geschieht anhand einer Beurteilungsstichprobe.

7.2 Festlegung der zielbeeinflussenden Datenfelder

Ebenso wie ein PPS-System aus einer großen Anzahl verschiedenartiger Dateien besteht, ist innerhalb einer Datei eine Vielzahl von Datenfeldern systemseitig vorgegeben. In sehr komplexen Standardsystemen sind systemseitig bis zu 17.000 (!) unterschiedliche Datenfelder vorgesehen (vgl. VOLLMER 1989, S. 60 ff.). Es ist nicht praktikabel, alle diese Datenfelder auf Aktualität und Fehlerhaftigkeit zu prüfen.

Entsprechend der Ebenen der Information sind am wichtigsten die **zielbeeinflussenden Daten** (vgl. FRÖHNER/HEINRICH 1986, S. 137 ff.). Legt beispielsweise ein bestimmter Anwender auf die Reduzierung der Bestände großen Wert, dann werden besondere Anforderungen an die bestandsbeeinflussenden Daten gestellt. Steht hingegen die Verbesserung der Termintreue im Vordergrund, dann müssen die Werte der terminbeeinflussenden Daten sehr genau sein.

Die von Anwendern mit dem Einsatz von PPS-Systemen angestrebten Ziele sind sehr verschiedenartig. In der Literatur werden die unterschiedlichsten Ziele im Zusammenhang mit PPS-Systemen genannt. Erschwerend kommt hinzu, daß die meisten Ziele sich zueinander komplementär verhalten. Dieser Sachverhalt wird von HACKSTEIN (1989b, S. 18) als das Polylemma der Ablaufplanung bezeichnet. Es ist daher erforderlich, sich auf die wesentlichsten Ziele zu konzentrieren.

7.2.1 Primäre Ziele des PPS-Einsatzes

Man differenziert in der Ablauforganisation zwischen drei unterschiedlichen Arten von Zielen (vgl. SEELBACH 1975, S. 38):

- originäre Ziele, d. h. Ziele, deren Verfolgung keine anderen Ziele beeinflussen,

- komplementäre Ziele, d. h. Ziele, deren Verfolgung gleichzeitig die Verfolgung anderer Ziele bewirkt, und

- Optimierungsziele, d. h. Ziele, deren gleichzeitige Verfolgung im Widerspruch zueinander steht.

Originäre Ziele unterliegen nicht dem o.g. Polylemma. Mit solchen Zielen wird der Einsatz von PPS-Systemen nur sehr selten begründet. Da komplementäre Ziele gleichzeitig andere Ziele fördern, können sie vor dem Hintergrund der angestrebten Zielreduktion als redundant weggelassen werden. Somit verbleiben als primäre Ziele für PPS-Systeme die Optimierungsziele.

Um eine weitere Reduktion der Ziele des PPS-Einsatzes zu erreichen, wurden zahlreiche Anwenderberichte untersucht und ausgewertet. Das am häufigsten von den Anwendern angestrebte Ziel ist die Verkürzung der Durchlaufzeiten. Danach wird die Termintreue genannt. Noch vor der Bestandssenkung wird die Kapazitätsauslastung angeführt. Bei der Durchlaufzeitverkürzung handelt es sich jedoch um ein komplementäres Ziel. Es wirkt sich gleichzeitig auf Termintreue, Kapazitätsauslastung und Bestandssenkung aus. Damit verbleiben als primäre Ziele die **Bestandssenkung**, **Termintreue** und **Kapazitätsauslastung**, was der Definition der PPS als mengen-, termin- und kapazitätsgerechter Planung, Veranlassung und Überwachung entspricht.

7.2.2 Diskussion von zielbeeinflussenden Datenfeldern

Welches quantitative Datenfeld in einem PPS-System letztlich welches Ziel unmittelbar beeinflußt, kann entsprechend der Festlegung der wichtigsten Dateien nur im Einzelfall bestimmt werden. Dennoch gibt es in PPS-Systemen einige wichtige Datenfelder, die fast in allen Anwendungen Einfluß auf die Zielerreichung haben. Solche Datenfelder (vgl. KITTEL 1983, S. 66) werden nachfolgend beispielhaft diskutiert.

Bestandsdaten sind Daten, die das Ziel Bestandssenkung unmittelbar beeinflussen. Sie beziehen sich im wesentlichen auf lagerhaltige Teile. Diesen werden feste Bestellmengen, Melde-, Mindest-, maximale und minimale Bestände zugeordnet. Ungenaue Bestandsdaten können zu erheblichen Planungfehlern führen (vgl. BARTH 1989, S. 82).

Bei den **Termindaten** unterscheidet man zwischen Zeitpunktdaten und Zeitraumdaten. Auf Basis von Zeitraumdaten werden Zeitpunkte (Termine) errechnet. Dazu gehören auch Vorgabe- und Rüstzeiten. Sie spielen jedoch in ganzheitlichen PPS-Anwendungen eine untergeordnete Rolle. Wesentlich stärker beeinflussen Wiederbeschaffungs-, Vorlauf- und Übergangszeiten die Termineinhaltung der

Aufträge. Sie beanspruchen bis zu 90% der gesamten Durchlaufzeit eines Kundenauftrages (vgl. LAMBERT 1989, S. 33).

Kapazitätsdaten geben an, wieviel Kapazität an den einzelnen Kapazitätseinheiten zur Verfügung steht. Es werden die Sollkapazität und Istkapazitätsbelastung auf Basis von Vorgabezeiten und Rückmeldungen angegeben. Sie unterliegen einer ganzen Reihe von Einflußfaktoren. Einfluß nehmen beispielsweise Zuschlagssätze, Schicht-, Mehrbediener-, Ausschuß- und Ausfallfaktoren. Eine umfangreiche Beschreibung von PPS-Daten findet sich in AUTORENKOLLEKTIV (1983).

Entsprechend des Polylemmas der Ablaufplanung wirken die Datenfelder nicht ausschließlich auf nur eines der Ziele, sondern häufig indirekt auch auf andere Ziele und auf diese eventuell entgegengesetzt. Erst durch das Verständnis für die Zusammenhänge werden Abhängigkeiten und Einflüsse der Daten untereinander deutlich. So hat beispielsweise die Wiederbeschaffungszeit unmittelbar Einfluß auf die rechtzeitige Bestellung zur Termineinhaltung. Sie wirkt aber auch zusätzlich auf die Bestandssenkung. Wenn sie zu lang ist, dann erhöhen sich die Bestände, da die Ware zu früh bestellt wird. Zu kurze Wiederbeschaffungszeiten verringern die Auslastung durch Nichtverfügbarkeit von Teilen.

7.2.3 Ermittlung der zielbeeinflussenden Datenfelder

Nachdem eine Vorstellung über die wichtigsten Daten vermittelt wurde, wird nun erläutert, wie die Bestimmung der wichtigsten Daten für die Fehlerhaftigkeitsprüfung im Rahmen der Anwendung des Verfahrens zur Überprüfung der Datenqualität erfolgen soll.

Die erforderlichen Daten eines PPS-Systems stehen mit den durchzuführenden Funktionen und diese wiederum mit den angestrebten Zielen in engem Zusammenhang (vgl. ELLINGER/WILDEMANN 1978, S. 41 ff.). Ebenso wie die Bestimmung der wichtigsten Dateien in einem PPS-System nicht verallgemeinert werden kann, so kann auch der Einfluß der Daten auf die Ziele nicht allgemeingültig festgelegt werden. Vielmehr müssen auch hier die zu prüfenden systemseitigen Datenfelder betriebsindividuell ermittelt werden.

Dazu wird parallel zur Prüfung auf Verständlichkeit und Relevanz der systemseitigen Datenfelder einer Datei (siehe Abbildung 35) festgehalten, ob es sich um quantitative Datenfelder handelt und ob ein Einfluß auf die Ziele Bestandssenkung, Termintreue oder Kapazitätsauslastung besteht. Es werden in den folgenden Verfahrensschritten nur solche quantitativen Datenfelder auf Fehlerhaftigkeit untersucht, die mindestens eines dieser Ziele beeinflussen.

Für die Fehlerhaftigkeitsprüfung müssen darüberhinaus für jedes systemseitige quantitative und zielebeeinflussende Datenfeld die un-ter 4.3.1.1 erwähnten Genauigkeitsanforderungen (a) festgelegt werden. Dazu wird das Maß der Zielbeeinflussung eines Datenfeldes herangezogen. Dieses Maß ergibt sich aus der Anzahl der durch ein Datenfeld beeinflußten Ziele. Für einen Einfluß auf drei Ziele wird a mit einem höheren Wert belegt als bei einem Einfluß auf nur zwei oder gar ein Ziel.

Wenn auf diese Weise die weiterhin zu untersuchenden systemseitigen Datenfelder mit den zugehörigen Genauigkeitsanforderungen bestimmt worden sind, werden im anschließenden Schritt Stichproben aller Datensätze einer Datei entnommen. Die Datensätze werden zunächst auf Aktualität und anschließend auf Fehlerhaftigkeit ihrer zielbeeinflussenden Datenfelder geprüft. Die Festlegung eines geeigneten Stichprobenverfahrens ist Gegenstand des nächsten Kapitels.

8. Zufallsstichproben zur Prüfung betrieblicher Datensätze

Wegen der vielen Datensätze in PPS-Systemen ist es erforderlich, sich auf eine Prüfung in Form einer Teilerhebung zu beschränken. Zur Abschätzung des zu erwartenden Erhebungsaufwands wurde für die oben dargestellten Dateien in 14 Unternehmen die Anzahl der dort angelegten Datensätze ermittelt (siehe Abbildung 32). Wie bei der Anzahl der systemseitig vorgebenen Datenfelder pro Datensatz werden auch hier neben den Durchschnittswerten die jeweiligen Maximal- und Minimalwerte angegeben. Aus den Zahlen ist leicht ersichtlich, daß eine Totalerhebung aus Aufwandsgründen ausscheidet. Aufgrund der großen Anzahl von Datensätzen sollte ein Stichprobenverfahren ausgewählt werden, welches möglichst kleine Stichprobenumfänge bei noch hinreichenden Prüfergebnissen liefert.

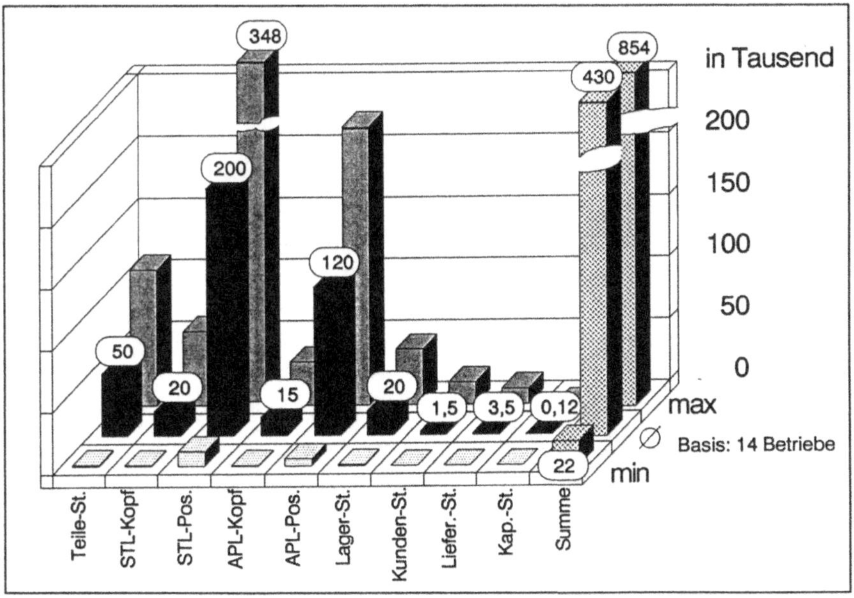

Abb. 32: Durchschnittliche Anzahl von betrieblichen Datensätzen

8.1 Voraussetzungen für die Anwendung von Zufallsstichproben

Die Auswahl geeigneter Stichprobenverfahren für die Untersuchung der betriebsseitigen Datensätze wird vor allem durch Aufwandsüberlegungen beeinflußt. Wie oben gezeigt, treten in diesem Teil der Prüfung die bei weitem größten Datenvolumina auf. Die Prüfung der Datensätze auf Aktualität ist eine Attributprüfung. Die Zuordnung erfolgt anhand einer einfachen ja/nein-Entscheidung. Entsprechend ist der Aufwand hier noch relativ gering.

Anders verhält sich dies für die Fehlerhaftigkeitsprüfung. Hier hat man es mit einer Variablenprüfung mit drei Eingangsgrößen zu tun. Der Systemwert wird am Bildschirm angezeigt und bereitet daher ebenfalls keine größeren Probleme. Die Ermittlung des Realwertes erfordert jedoch einen außerordentlich hohen Erfassungsaufwand. Hier sind die in der betrieblichen Realität vorliegenden Werte zu ermitteln. Daher ist in diesem Teil des Verfahrens das höchste Gewicht auf Aufwandsminimierung zu legen. Dies kann nur anhand einer geeigneten Stichprobenstrategie erreicht werden. Deshalb werden derartige Strategien zunächst untersucht.

8.2 Untersuchung von Stichprobenstrategien

Es existieren eine ganze Reihe von Stichprobenstrategien. Sie werden in diesem Unterpunkt kurz dargestellt. Dem schließt sich ein Vergleich der Verfahren an. Auf Basis dieses Vergleichs wird das geeignetste Verfahren schließlich ausgewählt. Dieses wird im Anschluß näher beschrieben.

Erstes und einfachstes Verfahren ist die **einfache Zufallsstichprobe**. Hier wird nach RAJ (1986, S. 34 ff.) aus der Untersuchungsgesamtheit eine Stichprobe zufällig zusammengestellt. Alle Datensätze haben dabei gleiche Auswahlwahrscheinlichkeit. Der Stichprobenumfang ergibt sich zu:

$$n = \frac{(k\sigma)^2 N}{Nd^2 + (k\sigma)^2}$$

Nach ARKIN (1963, S. 10 ff.) kann man sich unterschiedliche Streuungen in verschiedenen Schichten für z.B. Bestände und Lieferzeiten zunutze machen, um den Mindeststichprobenumfang zu verringern, indem man die **proportional geschichtete Stichprobe** verwendet. Die Gesamtheit der betrieblichen Datenfelder einer Datei wird nach ihrer Zugehörigkeit zu den systemseitigen Datenfeldern unterteilt. Der Stichprobenumfang wird proportional zur Größe der Schicht mit $n_i = N_i \; n/N$ für die i-te Schicht angesetzt. Im vorliegenden Fall sind die Schichten gleich groß. Ihr Umfang ist gleich der Anzahl der Datensätze einer Datei. Der erforderliche Stichprobenumfang ermittelt sich dann zu:

$$n = \frac{Nk^2 \, \Sigma \, N_i \, \sigma_i^2}{N^2 d^2 + k^2 \, \Sigma N_i \sigma_i^2}$$

Ebenfalls auf einer Aufteilung in Schichten basiert nach HARTUNG (1989, S. 282 ff.) die **optimale Aufteilung nach NEYMAN-TSCHUPROW** (vgl. BILLETER 1970a, S. 34). Dieser Ansatz versucht, unterschiedliche Prüfaufwände für die verschiedenen Schichten zu berücksichtigen. Dazu wird ein **Kosten- bzw. Aufwandsfaktor** eingeführt. Die Gesamtkosten der Prüfung setzen sich aus den Fixkosten c_o und den variablen Kosten zusammen. Man erhält $C = c_o + \Sigma \, c_i \, n_i$ als Gesamtkosten. Der Ansatz verfolgt nun das Ziel, bei vorgegebenem Erhebungsaufwand das bestmögliche Ergebnis zu erzielen. Dazu wird der Prüfumfang je Schicht gesetzt zu:

$$n_i = n \, \frac{N_i \, \sigma_i / \sqrt{c_i}}{\Sigma \, N_i \sigma_i / \sqrt{c_i}}$$

Der Stichprobenumfang je Schicht nimmt also mit der Streuung in der Schicht zu und mit den Erhebungskosten für die Schicht ab. Der gesamte Prüfumfang ergibt sich zu:

$$n = \frac{k^2 \, \Sigma \, N_i \sigma_i \sqrt{c_i} \; \Sigma \, N_i \sigma_i / \sqrt{c_i}}{N^2 d^2 + k^2 \, \Sigma \, N_i \sigma_i^2}$$

Ziel der **systematischen Stichprobe** ist es nach BILLETER (1970b, S. 41 ff.), den Aufwand für die Zufallsauswahl zu verringern. Dazu wird die Grundgesamtheit wiederum in Schichten aufgeteilt. Die Untersuchungseinheiten je Schicht werden durchnumeriert. Aus der ersten Schicht wird zufällig das k-te Datenfeld ausgewählt. Es wird dann für alle Schichten das k-te Element untersucht. Dieses Vorgehen hat zwar den Vorteil der leichten Durchführbarkeit, ist aber nach KRISHNAIAH/RAO (1988, S. 157 ff.) stark anfällig gegen periodische Schwankungen der Werte in der Grundgesamtheit. Aus dem Vorgehen resultiert eine Periodizität hinsichtlich der Auswahl der Untersuchungseinheiten für die Stichprobe. Dies kann zu einer Verfälschung der Ergebnisse führen, wenn sich diese mit einer Periodizität der Untersuchungsgesamtheit deckt. Um dieses Problem mathematisch beschreiben zu können, wird ein sogenannter **intraclass-Korrelationskoeffizient @** eingeführt. Er kann zwischen -1 und +1 schwanken, wobei hohe Werte für ungünstige Verhältnisse stehen und niedrige Werte für günstige. Unter Verwendung von @ ergibt sich der erforderliche Stichprobenumfang zu:

$$n = \frac{(1 - @)\ k^2\ (N - 1)\ \sigma^2}{Nd^2 - @\ k^2\ \sigma^2\ (N - 1)}$$

Ebenfalls Verwendung findet der intraclass-Korrelationskoeffizient in der **Klumpenstichprobe** nach COCHRAN (1953, S. 234 ff.). Die Grundgesamtheit wird bei diesem Verfahren erneut in Schichten unterteilt. Diese werden numeriert. Anschließend wird anhand dieser Nummern eine Zufallsstichprobe an Klumpen ausgewählt. Für die gezogenen Klumpen wird jeweils eine Vollerhebung durchgeführt. Die Ergebnisse werden auf die Gesamtheit übertragen. Es ist offensichtlich, daß vor allem darauf zu achten ist, daß die Verteilung der Werte repräsentativ für die Gesamtheit aller Untersuchungseinheiten ist. Hat man in einigen Klumpen sämtliche niedrigen Werte der Grundgesamtheit konzentriert und untersucht nur diese, so führen die Ergebnisse zu falschen Schlüssen. Zur Beschreibung dieses Verhaltens wird auch hier der intraclass-Korrelationskoeffizient @ verwendet. Man erhält dann für den erforderlichen Stichprobenumfang:

$$n = \frac{m\ (1 - @)\ k^2\ (M - m)\ \sigma^2}{(M - 1)md^2 - @\ k^2\sigma^2\ (M - m)}$$

Dabei bezeichnet M die Gesamtzahl der Klumpen und m die Anzahl der untersuchten Klumpen. Über die oben angeführten Verfahren hinaus existiert eine Reihe weiterer Verfahren. Diese scheiden entweder aus, weil sie entweder Ergebnisse aus vorhergehenden Untersuchungen verwenden, wie z.B. die Stichprobenschätzverfahren, oder weil sie für das Verfahren zur Ermittlung der Datenqualität zu kompliziert sind, wie z.B. die Mehrphasenstichprobe oder die Wiederholungsstichprobe.

8.3 Vergleich der Stichprobenstrategien

Der folgende Vergleich der Stichprobenstrategien hat die Auswahl einer geeigneten Vorgehensweise für die Prüfung der Fehlerhaftigkeit der quantitativen betrieblichen Datenfelder zum Ziel. Er erfolgt auf Basis der erforderlichen Stichprobenumfänge. Dabei werden für alle Strategien gleiche Eingangsgrößen d und k gewählt. Die errechneten Werte sind dadurch direkt vergleichbar. Die erforderlichen Stichprobenumfänge werden über der Streuung aufgetragen. Sie werden für einen Streuungsbereich von 0 bis 1 ermittelt. Da die Fehlerhaftigkeit eines Datenfeldes die relative Abweichung zwischen Realwert (x_r) und Systemwert (x_s) ist, ist der Streuungsbereich von 0 bis 1 der für die Prüfung relevante Bereich.

Die bei konstanten Eingangsgrößen der oben aufgeführten Stichprobenstrategien resultierenden Stichprobenumfänge wurden für eine Grundgesamtheit von 1000 Datenfeldern berechnet und in Abbildung 33 dargestellt. Für die proportional und die optimal geschichtete Stichprobe ist eine Aufteilung in zwei Schichten zugrunde gelegt. Für die eine Schicht ist die Streuung auf der Abszisse aufgetragen, für die andere mit 0,1 angesetzt. Für die optimal geschichtete Stichprobe nach NEYMAN-TSCHUPROW ist der Kostenfaktor für die zweite Schicht zu 10 gesetzt, während er für die erste Schicht die Werte 1, 10 und 100 hat.

Sowohl bei der systematischen wie auch bei der Klumpenstichprobe errechnen sich für kleine Werte von @ Stichprobenumfänge, die deutlich unter denen für die optimal geschichtete Stichprobe liegen. Es ist jedoch eine sehr starke Abhängigkeit der erforderlichen Stichprobenumfänge vom intraclass-Korrelationskoeffizienten festzustellen. Günstige Stichprobenumfänge treten nur in einem sehr engen Bereich für @ auf. Für das vorliegende Verfahren kann nicht vorausgesetzt werden, daß @ in diesem günstigen Bereich liegt. Für Werte, die außerhalb dieses engen Bereichs für @ liegen, sind die Stichprobenumfänge deutlich größer. Sie konvergieren im ungünstigsten Fall gegen den Umfang der Grundgesamtheit. Daher bringen beide Verfahren außer für einen sehr engen Bereich für @ keinen Vorteil gegenüber einer Vollerhebung.

Berücksichtigt man die angenommene Streuung von 0,1 in der zweiten Schicht für die geschichteten Stichproben, so zeigt sich, daß diese der einfachen Zufallsstichprobe über den gesamten Streuungsbereich überlegen sind. Die optimal geschichtete Stichprobe nach NEYMAN-TSCHUPROW hängt in ihrer Effektivität von der Homogenität der Kostenfaktoren ab. Diese Homogenität ist für die Erhebungskosten bei der Prüfung der Fehlerhaftigkeit qunatitativer PPS-Daten annähernd gegeben. In diesem Fall liefert dieses Verfahren die besten Ergebnisse.

Für eine große Streuung von maximal 1 sind die Stichproben bei der o. g. Grundgesamtheit von 1000 in der Abbildung 33 unten rechts in Vergleich gesetzt. Es ergibt sich also aufgrund der gegebenen Vorgaben aus dem Verfahren die **optimal geschichtete Stichprobe nach NEYMAN-TSCHUPROW** als geeignetstes Verfahren für die Prüfung der quantitativen Datenfelder auf Fehlerhaftigkeit. Im folgenden wird auf die Vorgehensweise bei der Zusammenstellung der Stichprobe nach dieser Strategie eingegangen.

8.4 Anwendung der optimal geschichteten Zufallsstichprobe

Die Formel für den Prüfumfang für die optimal geschichtete Stichprobe nach NEYMAN-TSCHUPROW kann weiter vereinfacht werden. Sind die Kostenfaktoren ci für die verschiedenen Schichten hinreichend ähnlich, so können sie durch einen Einheitswert c abgeschätzt werden. Dieser wird aus den Formeln für die Stichprobenumfänge aus den Summen ausgeklammert und anschließend herausgekürzt. Ebenfalls werden die Umfänge der einzelnen Schichten N_i durch einen einheitlichen Wert ersetzt. Die Schichten N_i werden so gewählt, daß die einem systemseitigen Datenfeld zugeordneten betriebsseitigen Datenfelder eine Schicht darstellen. Dadurch ist für alle Schichten ihr jeweiliger Umfang gleich groß. Er entspricht der Anzahl der aktuellen Datensätze (ADS_j) innerhalb einer Datei. Der Gesamtumfang

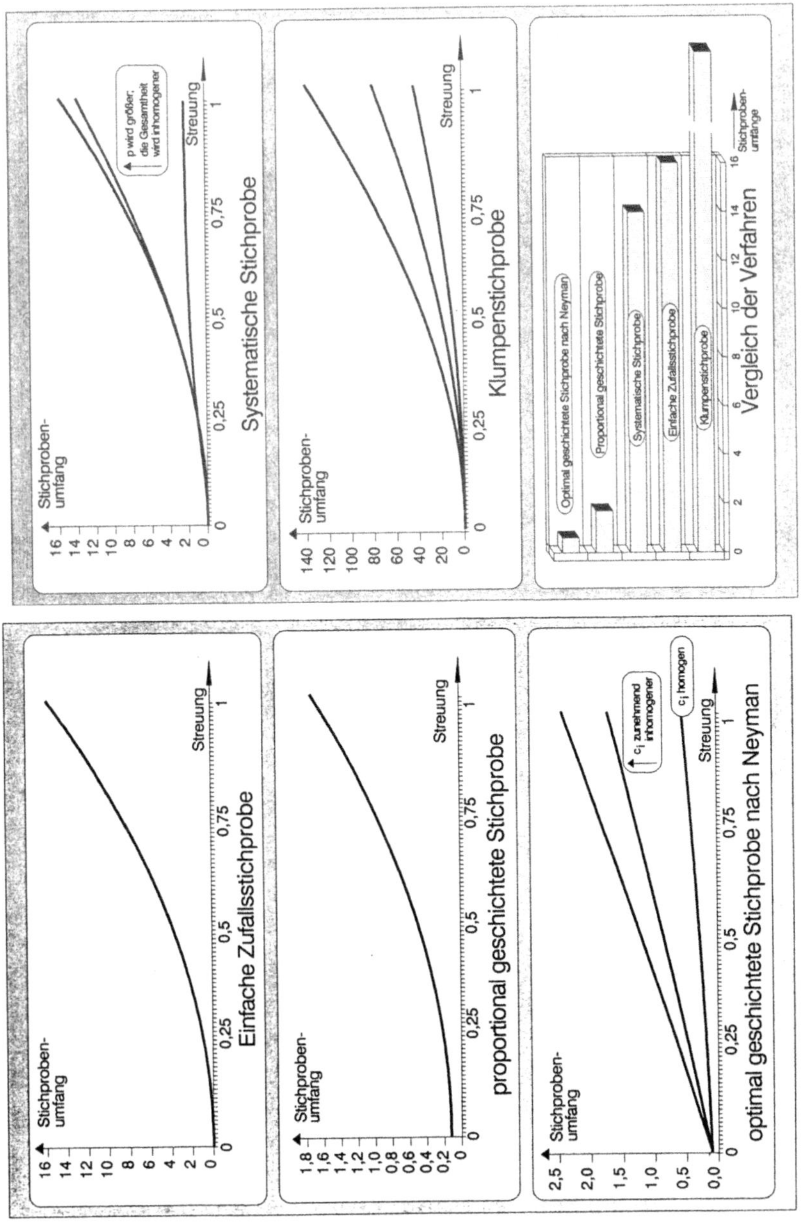

Abb. 33: Vergleich der Stichprobenumfänge der verschiedenen Strategien

der betriebsseitigen Datenfelder N ist das Produkt aus der Zahl der Datensätze und der Anzahl der systemseitigen Datenfelder (DF_{qi}): $N = ADS_j * DF_{qi}$. Die oben aufgeführte Formel für die optimal geschichtete Zufallsstichprobe vereinfacht sich dann zu:

$$n = \frac{k^2 \, DS \, (\Sigma\sigma_i)^2}{DFd^2 + k^2 \, \Sigma\sigma_i^2} \qquad \text{bzw.} \qquad n_i = n \, \frac{\sigma_i}{\Sigma\sigma_i}$$

für den gesamten Stichprobenumfang (n) bzw. für die Umfänge in den einzelnen Schichten (n_i). Die Größen k und d, die die Anforderungen an das Prüfergebnis beschreiben, beeinflussen die erforderlichen Prüfumfänge. Sie sind für den jeweiligen Anwendungsfall geeignet zu wählen. Die Anzahl der Datensätze ADS_j und der systemseitigen quantitativen Datenfelder DF_{qi} ist bekannt. Unbekannt sind jedoch zu Beginn der Prüfung die Streuungen über die einzelnen systemseitigen Datenfelder σ_i. Diese können nach HANSEN/HURWITZ/MADOW (1953, S. 213 f.) bereits anhand einer kleinen Stichprobe gut abgeschätzt werden. Die Vorgehensweise muß also iterativ in mehreren Schritten erfolgen.

Es wird mit einem Stichprobenumfang von 10 Datenfeldern je Schicht, oder anders ausgedrückt 10 aktuellen Datensätzen begonnen. Für diese 10 Datensätze werden alle zielbeeinflussenden quantitativen Datenfelder auf Fehlerhaftigkeit geprüft, die vorher anhand der Beurteilungsstichprobe innerhalb einer Datei festgelegt worden waren. Wenn diese 10 Datensätze überprüft sind, wird für jedes systemseitige Datenfeld anhand der ermittelten Werte die Streuung σ_i abgeschätzt. Die ersten Ergebnisse für die Streuungen werden in die Formel für den gesamten Stichprobenumfang und die Beziehungen für die einzelnen Stichprobenumfänge eingesetzt. Auf diese Weise erhält man eine erste Schätzung für die erforderlichen Stichprobenumfänge.

Es wird dann kontrolliert, für welche systemseitigen Datenfelder der erforderliche Stichprobenumfang bereits erreicht ist. Dies ist zuerst für diejenigen der Fall, welche die geringste Streuung aufweisen. Für alle systemseitigen Datenfelder, für die der erforderliche Stichprobenumfang nach dieser ersten Schätzung noch nicht erreicht ist, werden solange weitere Werte ermittelt, bis die abgeschätzte erforderliche Anzahl von Werten vorliegt. Ist dies für alle systemseitigen Datenfelder der Fall, so werden wiederum unter Einbeziehung der neu ermittelten Werte neue Streuungen und damit auch neue Stichprobenumfänge bestimmt. Da sich dabei der gesamte Stichprobenumfang ändert, der in die Formel für die einzelnen Stichprobenumfänge eingeht, muß für alle systemseitigen Datenfelder ein neuer erforderlicher Stichprobenumfang errechnet werden. Es wird wiederum überprüft, ob die so korrigierten geschätzten Umfänge bereits erreicht sind oder ob durch die Korrektur der Werte ein erneuter Iterationsschritt notwendig wird. Das Verfahren wird so oft wiederholt, bis für alle systemseitigen Datenfelder die erforderlichen Stichprobenumfänge kleiner sind als die letzten korrigierten Schätzungen. Ist dies der Fall, so können die Prüfergebnisse mit den vorgegebenen Einschränkungen durch k und d für sämtliche Datenfelder der Datei verallgemeinert werden.

8.5 Rechnergestützte Durchführung der Zufallsstichprobe

Aus dem vorangegangen Abschnitt wird deutlich, daß diese iterative Vorgehensweise mit erheblichem Rechenaufwand verbunden ist. In jedem Iterationsschritt sind für alle auf Fehlerhaftigkeit zu prüfenden Datenfelder neue Stichprobenumfänge zu errechnen. Darüber hinaus muß für die Bestimmung der Streuung für jedes systemseitige Datenfeld in jedem Iterationsschritt das arithmetische Mittel der Fehlerhaftigkeit bestimmt werden und daran anschließend ebenfalls für jedes systemseitige Datenfeld gemäß der in Kapitel 6 aufgeführten Formel

$$\sigma^2 = \frac{1}{n-1} \Sigma (x_i - \bar{x})^2$$

die Streuung berechnet werden. Anhand dieser Werte müssen dann die erforderlichen Stichprobenumfänge abgeschätzt bzw. die Schätzungen korrigiert werden.

Um bei diesen Schritten Aufwand zu sparen und Fehlern vorzubeugen, wird die rechnergestützte Durchführung der Fehlerhaftigkeitsprüfung empfohlen. Sie wurde in dem im Anhang 13.3 zu findenden Praxisbeispiel mit Hilfe eines Tabellenkalkulationsprogrammes durchgeführt. Die konkrete Belegung der Felder dieses Tabellenkalkulationsprogramms ist ebenfalls im Anhang (13.3.3) dargestellt. Damit kann die Bestimmung der mittleren Fehlerhaftigkeit als arithmetischer Mittelwert und die Errechnung der Streuung für die Datenfelder anhand von Standardfunktionen ohne nennenswerten Aufwand durchgeführt werden.

Neben der Anwendung eines Tabellenkalkulationsprogramms zur Ermittlung der Stichprobenumfänge im Rahmen der Fehlerhaftigkeitsprüfung bietet sich auch für die Prüfdatenauswertung zur Bestimmung des mittleren Informationsgehaltes ein Rechnerprogramm in Form von Tabellenkalkulation an. Wie diese Prüfdatenauswertung vorgenommen wird, ist neben der Beschreibung der Prüfausführung der Gegenstand des nun folgenden Kapitels.

9. Prüfausführung und Prüfdatenauswertung

In den vorangegangenen Kapiteln wurden im wesentlichen die Prüfmerkmals- und -umfangsbestimmung behandelt. Die Qualitätsprüfung besteht außerdem aus den beiden weiteren Teilfunktionen Prüfausführung und Prüfdatenauswertung (vgl. VDI/VDE/DGQ 2619 1985, S. 5). Diese beiden Teilfunktionen werden nun für die Prüfung der Datenqualität erläutert.

9.1 Prüfausführung zur Ermittlung der Qualitätskennzahlen

Die Prüfausführung setzt sich aus den drei Verfahrensschritten Festlegung der Prüfer und Prüfmittel, der Prüfung der Verständlichkeit und Relevanz sowie der Prüfung der Aktualität und der Fehlerhaftigkeit zusammen.

9.1.1 Festlegung der Prüfer und Prüfmittel

Eine wesentliche Voraussetzung der Prüfausführung ist die Festlegung der Prüfer und Prüfmittel (vgl. EVERSHEIM/PFEIFFER 1988, S. V3/18). Prüfer können nur die Nutzer eines PPS-Systems selbst sein. Die Prüfung von Software erfolgt nach ÖSTERLE (1982, S. 19) als Einzel- oder Gruppenprüfung. Für die Prüfung der Datenqualität von PPS-Systemen ist wegen des hohen Integrationsgrades dieser Systeme die Gruppenprüfung vorzuziehen. Ein verantwortlicher Mitarbeiter sollte als Moderator zur Verfügung stehen. Als Prüfmittel dienen die in Abbildung 34 und 37 dargestellten Formulare. Die Fehlerhaftigkeitsprüfung wird gemäß Kapitel 8. am sinnvollsten EDV-gestützt durchgeführt.

Wie die zu prüfenden Dateien ausgewählt werden, wurde in Kapitel 7. hergeleitet. Erster Schritt der Prüfung einer Datei ist die Untersuchung der systemseitigen Datenfelder auf Verständlichkeit und Relevanz. Dabei werden gleichzeitig die auf Fehlerhaftigkeit zu prüfenden Datenfelder festgelegt. Wie dabei vorzugehen ist, wird in dem folgenden Abschnitt erläutert.

9.1.2 Prüfung der Relevanz und Verständlichkeit

Stehen die auf ihre Datenqualität zu untersuchenden Dateien (D_i) fest, so werden für jede Datei zuerst die Qualitätskennzahlen für Verständlichkeit (V_i) und Relevanz (R_i) ermittelt. Außerdem werden als Eingangsgröße für die folgenden Untersuchungsschritte die systemseitigen quantifizierenden Datenfelder (DF_{qi}) der Datei auf Basis ihres Einflusses auf die drei Ziele Bestandssenkung, Termintreue und Kapazitäsauslastung festgehalten (siehe Abbildung 34).

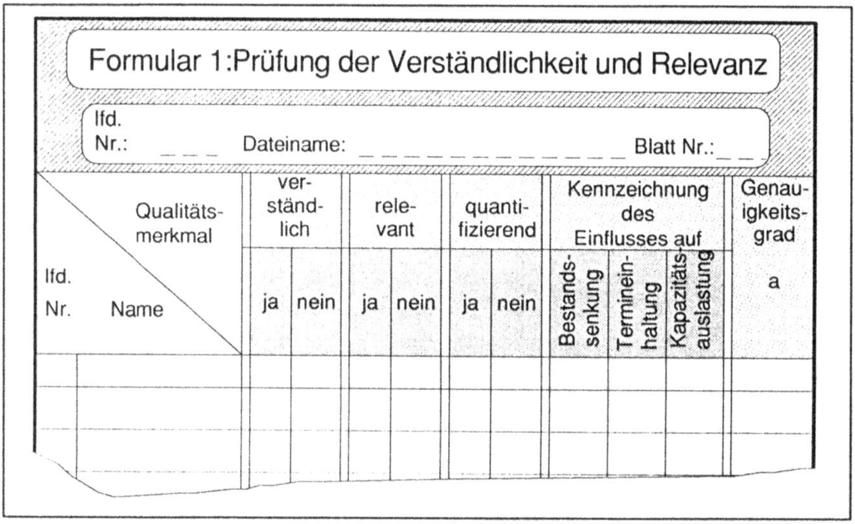

Abb. 34: Formular zur Erfassung der Verständlichkeit und Relevanz

Vor der Prüfung erhalten alle systemseitigen Datenfelder eine laufende Nummer. Es werden nur die Bezeichnungen der Datenfelder vermerkt, die Einfluß auf mindestens eines der drei primären Ziele der PPS nach Kapitel 7. haben. Jedes Datenfeld wird zunächst auf Verständlichkeit geprüft. Es muß aus Nutzersicht die syntaktischen Regeln und die semantischen Anforderungen erfüllen. Wird ein Datenfeld als unverständlich eingestuft, ist es weder relevant noch zielbeeinflussend. Auf unverständliche Datenfelder wird seitens der Nutzer nicht zugegriffen. Sie liefern keine Information.

Ist das zu prüfende Datenfeld aus Sicht der Nutzer verständlich, dann wird als nächstes geprüft, ob es relevant ist. Relevant sind Datenfelder, aus denen Handlungen (Pragmatik), beispielsweise Dispositionsentscheidungen, abgeleitet werden. Wird ein verständliches Datenfeld als irrelevant erachtet, dann hat es weder Einfluß auf Handlungen der Nutzer noch auf eines der drei primären PPS-Ziele. Beeinflußt ein Datenfeld die mit dem Systemeinsatz verbundenen Ziele (Apobetik), so wird dies gesondert in der entsprechenden Spalte des Erfassungsformulars 1 notiert. Es muß festgehalten werden, ob das Datenfeld auf die Erreichung eines, zweier oder aller drei Ziele wirkt. Das Maß der Zielbeeinflussung wird bei der anschließenden Verdichtung der Prüfergebnisse benötigt.

Handelt es sich bei einem Datenfeld um ein quantitatives Datenfeld und beeinflußt es gleichzeitig mindestens eines der drei oben genannten Ziele, dann wird es im nächsten Schritt auf Fehlerhaftigkeit geprüft. Da im Bereich der Fehlerhaftigkeitsprüfung der Prüfaufwand stark mit der Zahl der zu untersuchenden Datenfelder ansteigt, sollte hier in Zweifelsfällen eher gegen die weitere Untersuchung eines Datenfeldes entschieden werden.

Anhand der Anzahl der durch das quantitative Datenfeld beeinflußten Ziele werden die Genauigkeitsanforderungen (a) an die Datenfelder festgelegt. Es ergeben sich je nach Zahl der beeinflußten Ziele die drei Genauigkeitsstufen: hoch, mittel und gering. Hier ist über die Streuung ein direkter Einfluß auf den Prüfaufwand bei der Überprüfung auf Fehlerhaftigkeit gegeben. Es sollte also nicht nur bei der Frage, ob generell ein Einfluß auf PPS-Ziele vorliegt, restriktiv vorgegangen werden, sondern auch bei der Festlegung der Anzahl der durch das Datum beeinflußten Ziele.

Diese Vorgehensweise, deren einzelne Arbeitsschritte in der Abbildung 35 zusammengefaßt sind, wird solange fortgesetzt, bis alle systemseitigen Datenfelder einer Datei auf Verständlichkeit, Relevanz und Zielbeeinflussung überprüft worden sind. Es wird dann zur Prüfung auf Aktualität und Fehlerhaftigkeit übergegangen.

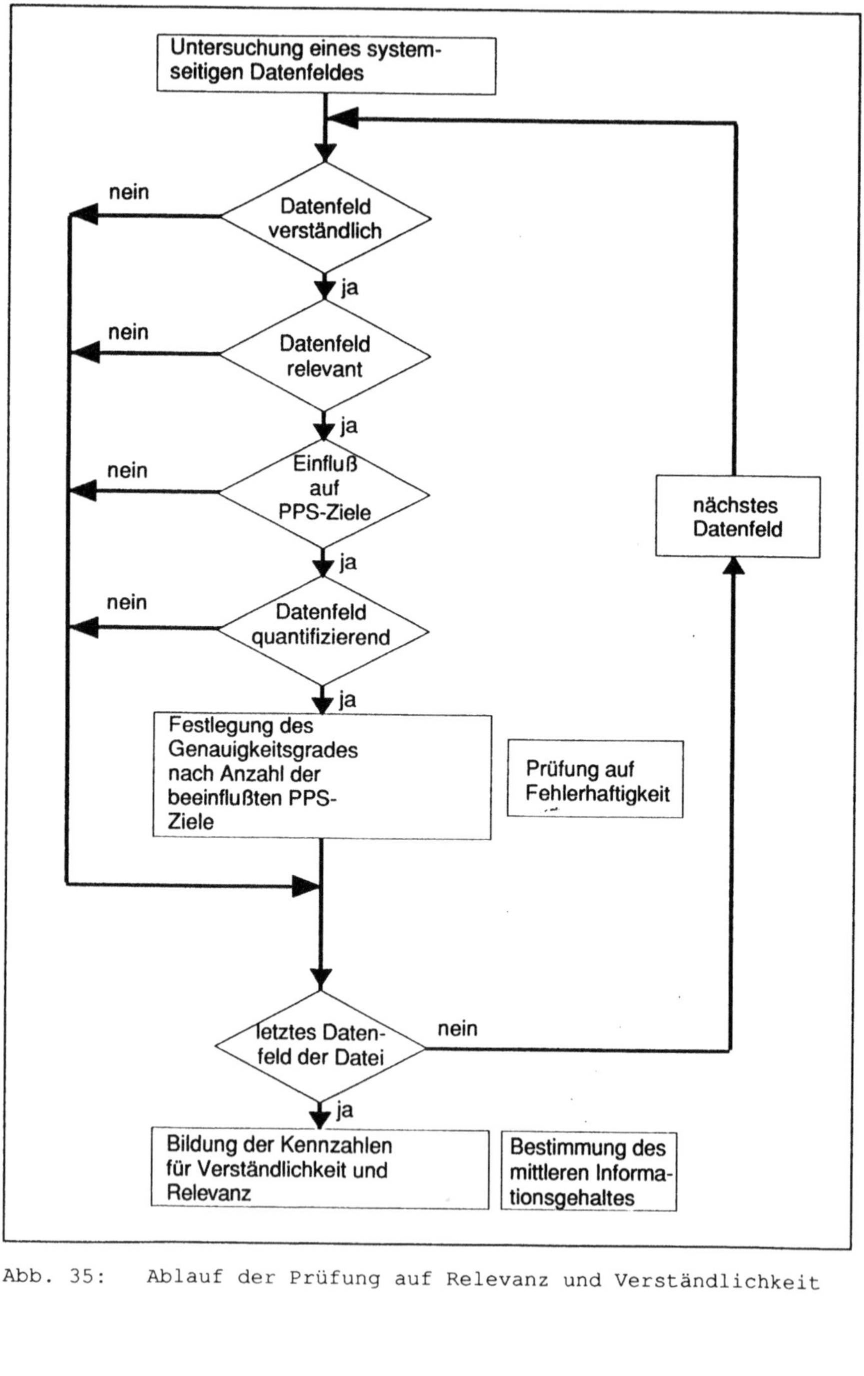

Abb. 35: Ablauf der Prüfung auf Relevanz und Verständlichkeit

9.1.3 Zufallszahlenauswahl eines Datensatzes

Bei der Prüfung einer Datei auf Aktualität (A_i) ihrer Datensätze und Fehlerhaftigkeit (F_i) ihrer Datenfelder handelt es sich im Gegensatz zu der Prüfung auf Verständlichkeit und Relevanz nicht um eine Vollerhebung, sondern, wie in Kapitel 8. begründet, um eine Stichprobenerhebung. Damit dabei Formeln der Wahrscheinlichkeitsrechnung angewendet werden können, muß **Zufälligkeit** bei der Datensatzauswahl sichergestellt sein. Dazu werden die Datensätze über Zufallszahlen ausgewählt.

Für die Gewinnung der Zufallszahlen kommen zwei Möglichkeiten in Betracht. Sind in einer Datei weniger als 16.000 Datensätze gespeichert, so ist die Verwendung der Zufallszahlentafel von KENDALL u. a. (zitiert bei HENGARTNER/THEODORESCU 1978) wegen ihrer sehr guten Zufallseigenschaften zu empfehlen. Bei größeren Mengen von Datensätzen wird besser auf rechnerunterstützte Zufallsgeneratoren zurückgegriffen. Diese haben schlechtere Zufallseigenschaften als die genannte Tafel, doch können mit ihnen bis zu 7.000.000 Objekte hinreichend zufällig ausgewählt werden. Mit solchen Zufallsgeneratoren, die meist auf Kongruenzgeneratoren (vgl. SCHMITZ/LEHMANN 1976; HENGARTNER/THEODORESCU 1978; JÄKEL 1987, S. 36 ff.) aufbauen, kann in größeren Dateien sehr einfach eine Zufallsauswahl gewährleistet werden.

9.1.4 Prüfung der Aktualität und Fehlerhaftigkeit

Die zu untersuchenden Datensätze werden, wie oben beschrieben, zufällig ausgewählt. Anhand der Frage, ob aus einem ausgewählten Datensatz regelmäßig Handlungen (Pragmatik) abgeleitet werden oder nicht, wird entschieden, ob ein Datensatz noch aktuell ist. Ist der Datensatz aktuell, so wird dies in dem Formular nach Abbildung 37 notiert und seine zielbeeinflussenden Datenfelder werden auf Fehlerhaftigkeit hin überprüft, soweit für sie nicht nach dem in Kapitel 8. beschriebenen Verfahren der optimalen Schichtung nach NEYMAN-TSCHUPROW der erforderliche Stichprobenumfang bereits erreicht ist. Außerdem wird im Formular für die aktuellen Datensätze die Zuordnung in einem ABC-Raster festgehalten. Das wird im weiteren Verlauf des Verfahrens benötigt.

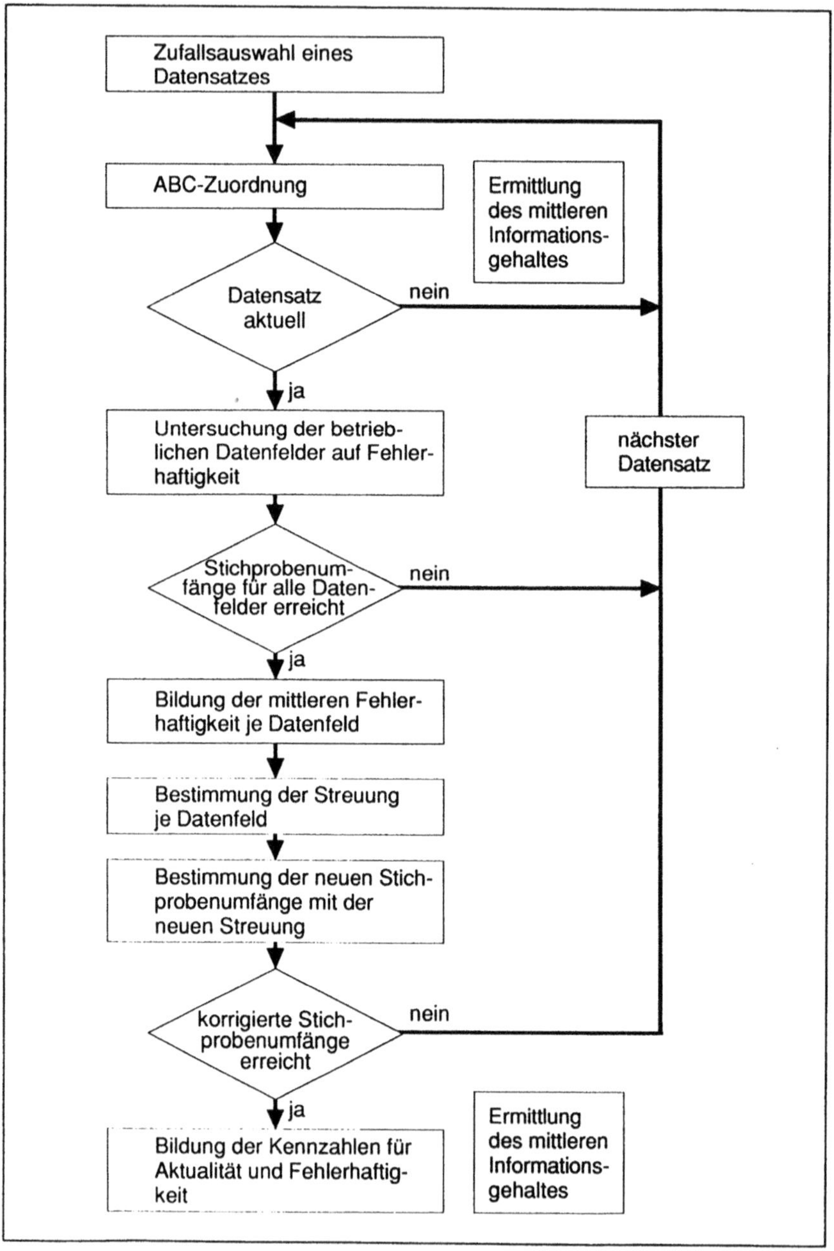

Abb. 36: Ablauf der Prüfung auf Aktualität und Fehlerhaftigkeit

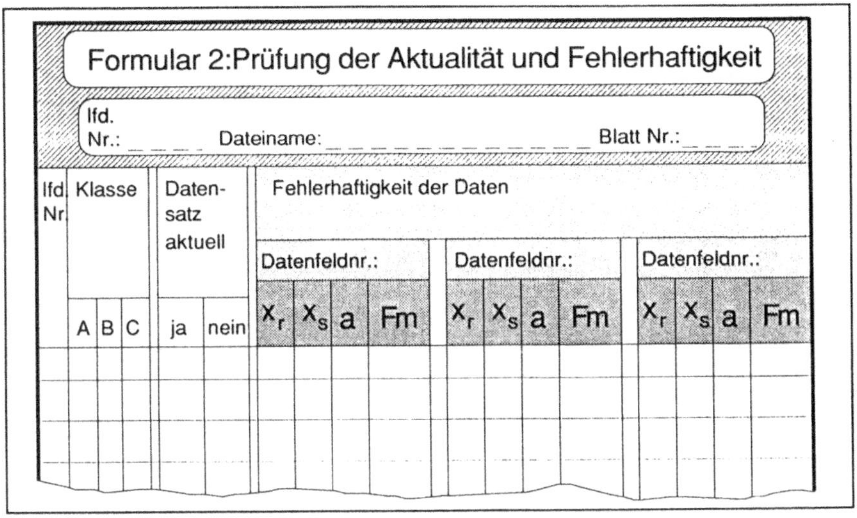

Formular 2: Prüfung der Aktualität und Fehlerhaftigkeit

lfd. Nr.: ___ Dateiname: ______________ Blatt Nr.: ___

lfd. Nr	Klasse			Daten-satz aktuell		Fehlerhaftigkeit der Daten											
						Datenfeldnr.:				Datenfeldnr.:				Datenfeldnr.:			
	A	B	C	ja	nein	x_r	x_s	a	Fm	x_r	x_s	a	Fm	x_r	x_s	a	Fm

Abb. 37: Formular zur Prüfung der Aktualität und Fehlerhaftigkeit

Dieses Vorgehen wird gemäß Kapitel 8. in eventuell mehreren Iterationsschleifen so oft wiederholt, bis für alle zielbeeinflussenden Datenfelder der Datei der erforderliche Stichprobenumfang erreicht ist und damit die zur Aufstellung der Kennzahlen benötigten Werte vorliegen. Diese Ablaufschritte sind in der Abbildung 36 gezeigt.

9.2 Prüfdatenauswertung zur Abschätzung der Datenqualität

Auf Grundlage der oben ermittelten Qualitätskennzahlen für Verständlichkeit und Relevanz der systemseitigen Datenfelder sowie Aktualität der betrieblichen Datensätze wird zunächst der mittlere Informationsgehalt einer Datei abgeschätzt. Danach wird der mittlere Informationsgehalt des Gesamtsystems bestimmt. Unter Hinzunahme der Kennzahl für die Fehlerhaftigkeit des Systems wird schließlich das Gesamtergebnis interpretiert. Dabei wird der tatsächliche Informationsgehalt dem theoretisch erreichbaren gegenübergestellt.

9.2.1 Zweiteilung der Prüfdatenauswertung auf Dateiebene

Die Kennzahlen zur Datenqualität lassen sich hinsichtlich ihrer Aussagen in zwei Gruppen unterteilen. Auf der einen Seite ergeben sich die Kennzahlen für Verständlichkeit, Relevanz und Aktualität als Prozentsätze. In allen drei Fällen bedeutet ein hoher Wert der Kennzahl eine günstige Datenqualität, da er einem hohen Prozentsatz verständlicher oder relevanter systemseitigen Datenfelder oder aber aktueller betrieblicher Datensätze entspricht. Niedrige Kennzahlen entsprechen ungünstigen Verhältnissen.

Die Verdichtung der Fehlerhaftigkeitskennzahlen erfolgt auf grundlegend andere Weise. Sie ergibt sich als arithmetischer Mittelwert der Fehlerhaftigkeiten aller systemseitiger Datenfelder einer Datei. Da bereits bei der Ermittlung der einzelnen Fehlerhaftigkeitswerte über die verschiedenen Genauigkeitsanforderungen (a) unterschiedliche Anforderungen an die systemseitigen Datenfelder berücksichtigt sind, wird auf eine Gewichtung bei der Mittelwertbildung verzichtet. Die Fehlerhaftigkeitskennzahl ist so zu interpretieren, daß die tatsächlich auftretenden Fehler die gleichen Auswirkungen haben wie die relative Abweichung eines einzelnen Datenfeldes einer Datei um den durch die Kennzahl angegebenen Wert. Hier beschreiben also niedrige Kennzahlen günstige Verhältnisse, während höheren Kennzahlen negative Verhältnisse zugrunde liegen.

Daraus wird die Zweiteilung der Kennzahlen deutlich. Den Kennzahlen für Verständlichkeit, Relevanz und Aktualität liegt Attributprüfung zugrunde. Sie beschreiben die zugrundeliegende Qualitätslage direkt. Demgegenüber basiert die Fehlerhaftigkeitskennzahl auf Variablenprüfung. Sie stellt ein Fehlerhaftigkeitsäquivalent dar und sie beschreibt die Verhältnisse nur indirekt. Diese Zweiteilung setzt sich im weiteren Verlauf der Verdichtung der Kennzahlen fort.

9.2.2 Abschätzung der Datenqualität einer Datei

Nach Ermittlung der Qualitätskennzahlen für eine Datei wird zunächst der mit dem vorliegenden Datenvolumen maximal erreichbare mittlere Informationsgehalt errechnet. Unter Verrechnung der Kennzahlen für Verständlichkeit, Relevanz und Aktualität wird dann der tatsächlich erreichte mittlere Informationsgehalt bestimmt. Aus dem Vergleich beider Werte können Rückschlüsse auf eingeschränkte Effizienz einer Datei durch mangelhafte Datenqualität gezogen werden. Die Errechnung des maximal erreichbaren mittleren Informationsgehaltes einer Datei erfolgt entsprechend der Definition unter Verwendung der Formel:

$$I_{imax} = \Sigma\, p_i(x) \log \frac{1}{p_i(x)}$$

Diese Funktion erreicht ihren maximalen Wert bei einer Gleichverteilung, also Homogenität, der Zugriffswahrscheinlichkeiten ($p_i = p_{i+1}$) für alle Datenfelder. Für diesen Fall errechnet sich der maximal erreichbare mittlere Informationsgehalt mit N_i als Anzahl der Datenfelder einer Datei, da sich bei gleichen Werten die Zugriffswahrscheinlichkeiten herauskürzen lassen, zu:

$$I_{imax} = \log N_i$$

In der Realität verringert sich die Zahl der effektiv genutzten Datenfelder jedoch aufgrund fehlender Verständlichkeit, Relevanz und Aktualität. In der Kennzahl für die Relevanz sind die verständlichen und relevanten Datenfelder erfaßt. Nur auf solche wird letztlich von den Nutzern zugegriffen. Entsprechendes gilt für die Aktualität. Nicht mehr aktuelle Datensätze werden von den Nutzern nicht verwendet. Die Zahl der effektiv genutzten Datenfelder ergibt sich also zu:

$$N_{ieff} = N_i\, R_i\, A_i$$

Würde man diesen Wert N_{ieff} in die obige Formel eintragen, dann würde man einen verfälschten Wert für den tatsächlichen mittleren Informationsgehalt einer Datei erhalten. Denn innerhalb der verbleibenden verständlichen, relevanten und aktuellen Datenfelder liegen in der Realität unterschiedliche Zugriffswahrscheinlichkeiten ($p_i \# p_{i+1}$) vor. Diese Ungleichverteilung der Zugriffswahrscheinlichkeiten senkt den tatsächlichen mittleren Informationsgehalt weiter. In Kapitel 4. wurde bereits darauf hingewiesen, daß es nicht möglich ist, die Ungleichverteilung der Zugriffswahrscheinlichkeiten auf Datenfelder exakt zu messen. Sie muß daher abgeschätzt werden. Diese Abschätzung erfolgt auf zweierlei Arten. Zum einen wird in der Realität auf betriebliche Datensätze ungleichverteilt zugegriffen. Zum anderen werden aber auch die systemseitigen Datenfelder nicht gleichmäßig genutzt. Für den Zugriff auf Datensätze wird eine ABC-Verteilung nach Abbildung 38 verwendet.

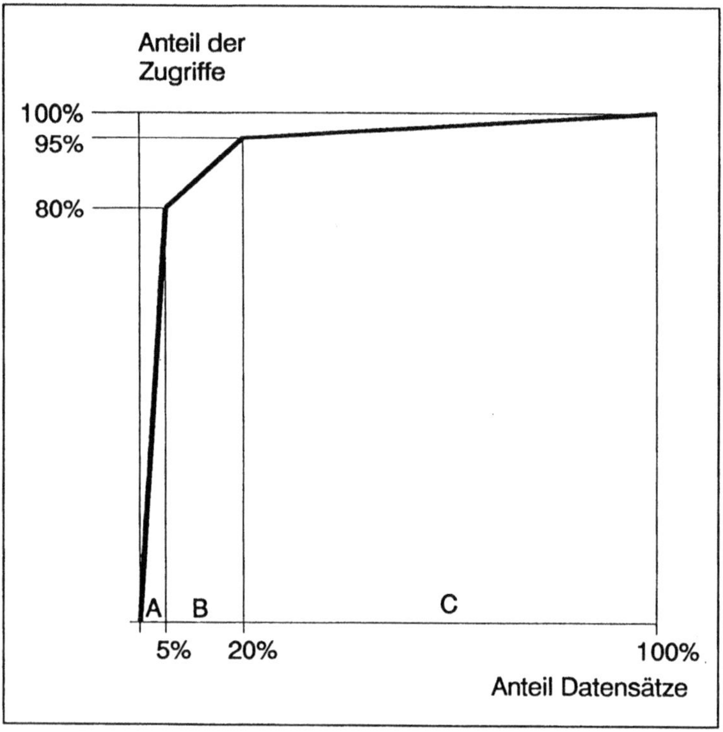

Abb. 38: ABC-Analyse für Zugriffswahrscheinlichkeiten in Anlehnung an ROSCHMANN (1980, S. 40)

Entsprechend erhält man eine Verteilung der Zugriffswahrscheinlichkeiten von 80% für die Gesamtheit der A-Datensätze, 15% für die Gesamtheit der B-Datensätze und 5% für die Gesamtheit der C-Datensätze. Diese Verteilung der Zugriffswahrscheinlichkeiten wurde bei Anwendungsuntersuchungen bestätigt. Dividiert man nun die Zugriffswahrscheinlichkeiten für diese ABC-Klassen durch die Anzahl der ihnen zugeordneten Datensätze, so erhält man für jede der drei Gruppen die geschätzte Zugriffswahrscheinlichkeit auf einen einzelnen Datensatz:

$p_A = 0{,}8/DS_{jA}$ $\qquad p_B = 0{,}15/DS_{jB}$ $\qquad p_C = 0{,}05/DS_{jC}$

Neben der Ungleichverteilung der Zugriffe auf betriebliche Datensätze erfolgt auch der Zugriff auf die systemseitigen Datenfelder ungleichverteilt. Daher müssen auch hier die ungleichen Zugriffswahrscheinlichkeiten bei der Berechnung eines realistischen Informationsgehaltes berücksichtigt werden. Diese hängen entsprechend der Ebenen der Information stark mit dem Grad der PPS-Zielbeeinflussung zusammen. Es lassen sich 4 Klassen unterscheiden, je nachdem ob ein Datenfeld auf keines, 1, 2 oder 3 der primären Ziele der PPS Einfluß nimmt. Diesen 4 Klassen werden die Gewichtungsfaktoren 1, 10, 25 und 50 zugeordnet. Diese Verteilung bietet sich zur Darstellung der logarithmischen Verhältnisse des Informationsgehaltes und der Bedeutung der höchsten Informationsebene, der Apobetik, an. Die Abschätzung der Zugriffswahrscheinlichkeiten ergibt dann mit:

$$M = 1*DF_{i0}+10*DF_{i1}+25*DF_{i2}+50*DF_{i3} \text{ zu:}$$

$$p_0 = \frac{1}{M} \qquad p_1 = \frac{10}{M} \qquad p_2 = \frac{25}{M} \qquad p_3 = \frac{50}{M}$$

Die Zugriffswahrscheinlichkeit eines konkreten betrieblichen Datenfeldes einer Datei ergibt sich aus dem Produkt der Zugriffswahrscheinlichkeiten auf den entsprechenden Datensatz und das systemseitige Datenfeld. Entsprechend der Einteilung der Datensätze in 3 und der systemseitigen Datenfelder in 4 Klassen erhält man, wie in Abbildung 39 dargestellt, **12 Klassen** jeweils einheitlicher Zugriffswahrscheinlichkeit. Die Anzahl der betrieblichen Datenfelder für jede dieser 12 Klassen ergibt sich aus dem Produkt der Zahl der zugeordneten Datensätze und der zugeordneten systemseitigen Datenfelder. Damit errechnet sich der tatsächliche erreichte Informationsgehalt zu:

$$I_m = N_{A1}\, p_{A1}(x) \log \frac{1}{p_{A1}(x)} \quad \ldots\ldots + N_{C3}\, p_{C3}(x) \log \frac{1}{p_{C3}(x)}$$

Abschätzung der Zugriffswahrscheinlichkeiten je betrieblichem Datenfeld			Zahl der durch das Datenfeld beeinflußten PPS-Ziele				Anzahl Datensätze je Klasse
			0	1	2	3	
			$P_0 = \frac{1}{M}$	$P_1 = \frac{10}{M}$	$P_2 = \frac{25}{M}$	$P_3 = \frac{50}{M}$	
Datensatzklassen	A	$P_A = \frac{0,80}{DSA}$	p_{A0}	p_{A1}	p_{A2}	p_{A3}	DS_A
	B	$P_B = \frac{0,15}{DSB}$	p_{B0}	p_{B1}	p_{B2}	p_{B3}	DS_B
	C	$P_C = \frac{0,05}{DSC}$	p_{C0}	p_{C1}	p_{C2}	p_{C3}	DS_C
Anzahl Datenfelder			DF_0	DF_1	DF_2	DF_3	

$$M = 1 * DF_0 + 10 * DF_1 + 25 * DF_2 + 50 * DF_3$$

Abb. 39: Abschätzung der Zugriffswahrscheinlichkeiten

Der tatsächliche Wert wird jedoch noch kleiner als der so abgeschätzte Wert für den mittleren Informationsgehalt sein. Zum einen ist innerhalb der Klassen von einer Gleichverteilung der Zugriffswahrscheinlichkeiten ausgegangen worden, die in der Realität nicht vorliegen wird. Zum anderen wird sich eine weitere Verschlechterung ergeben, wenn die unverständlichen bzw. irrelevanten Datenfelder und nicht aktuellen Datensätze eine Zugriffswahrscheinlichkeit größer 0 erhalten, da sie im System, wenn auch ungenutzt, mitgeführt werden.

Die Vorgehensweise zur Ermittlung des mittleren Informationsgehaltes ist in seinen Ablaufschritten in der Abbildung 40 dargestellt. Oben wurde bereits darauf hingewiesen, daß die Fehlerhaftigkeitskennzahl eine Sonderstellung bei der Verdichtung der Ergebnisse einnimmt. Sie wird wegen ihrer Sonderstellung vorerst noch nicht mit dem mittleren Informationsgehalt verrechnet. Die Vorgehensweise zur Verdichtung der Fehlerhaftigkeit wurde bereits oben erläutert. Auf Dateiebene findet keine weitere Verdichtung mehr statt.

9.2.3 Abschätzung der Datenqualität des Gesamtsystems

Für die Abschätzung des maximalen Informationsgehaltes, der von dem gesamten PPS-System bei bestmöglicher Datenqualität bereit-

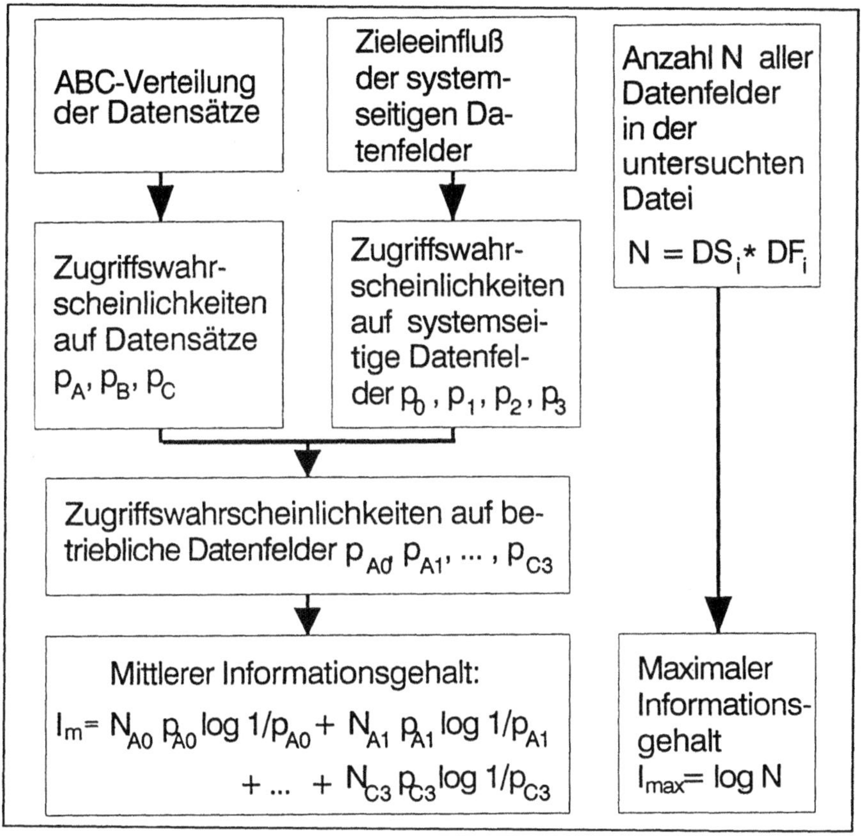

Abb. 40: Bestimmung des mittleren Informationsgehaltes

gestellt werden könnte, wird die Gesamtzahl (N_{ges}) aller Datenfelder des Systems, also aller untersuchten Dateien, ermittelt. Es gilt mit dieser Anzahl entsprechend zur Ermittlung des maximalen Informationsgehaltes auf Dateiebene bei absoluter Gleichverteilung der Zugriffswahrscheinlichkeiten:

$$I_{max} = \log N_{ges}$$

Wenn man nun den tatsächlichen mittleren Informationsgehalt des Gesamtsystems ermitteln will, dann sind zusätzlich zu den bereits bisher berücksichtigten außerdem die Ungleichverteilungen der Zugriffswahrscheinlichkeiten **zwischen den Dateien** zu berücksichtigen. Es bietet sich an, die Abschätzung auf Basis der für die Dateiauswahl ermittelten Wichtigkeit (W_i) einer Datei vorzunehmen. Aus der Wichtigkeit einer Datei für das Gesamtsystem läßt sich indirekt auch eine Aussage über die relative Zugriffswahrscheinlichkeit im Vergleich zu den anderen Dateien ableiten. Dabei finden nur die auf ihre Datenqualität hin untersuchten Dateien Berücksichtigung. Um dies bei der Ermittlung des mittleren Informationsgehaltes zu berücksichtigen, müssen die Zugriffswahrscheinlichkeiten auf die Datenfelder der 12 Datenklassen jeweils um den Faktor W_i korrigiert werden. Mit diesen Werten kann man dann den mittleren Informationsgehalt unter Verwendung der Formel aus 9.2.2 bestimmen.

Der für eine Gleichverteilung der Zugriffswahrscheinlichkeiten bestimmte Wert des mittleren Informationsgehaltes stellt den maximalen Informationsgehalt dar, der von einem PPS-System mit der gleichen Anzahl von Datenfeldern wie in dem untersuchten bereitgestellt werden kann. Der tatsächlich vom System bereitgestellte Informationsgehalt ist aufgrund von Unverständlichkeit und Irrelevanz von Datenfeldern, mangelnder Aktualität von Datensätzen und Ungleichverteilung von Zugriffswahrscheinlichkeiten aufgrund von Mängeln kleiner als dieser Maximalwert. Dies bedeutet nichts anderes, als daß aufgrund unzureichender Datenqualität das System nicht effektiv genutzt wird. Je geringer der tatsächlich bereitgestellte Informationsgehalt im Vergleich zum maximalen Informationsgehalt ist, desto ineffizienter wird das System betrieben.

Die zweite Kenngröße, die auf Systemebene verdichtet werden kann, ist die **Fehlerhaftigkeit**. Hier wird ein auf Basis der Wichtigkeit der Dateien gewichteter Mittelwert bestimmt. Dieser stellt, wie oben bereits erläutert, ein **Fehleräquivalent** dar und verringert nur indirekt den mittleren Informationsgehalt. Je kleiner der Wert ist, desto geringer ist die Fehlerhaftigkeit.

Die Fehlerhaftigkeit wirkt sich auf zwei Arten negativ auf die Nutzung eines PPS-Systems aus. Zum einen vermindert sie die **Zuverlässigkeit von Planungsvorgaben**. Bauen diese auf fehlerhaften Daten auf, so können die tatsächlichen Ergebnisse unter Umständen erheblich von den ursprünglich beabsichtigten abweichen, die Ziele werden nicht erreicht. Zum anderen wirkt die Fehlerhaftigkeit auf die **Akzeptanz** des Systems. Diese sinkt, wenn aufgrund der Nutzung von fehlerhaften Daten und nicht realisierbaren Planungsvorgaben laufend Schwierigkeiten bei der Auftragsabwicklung auftreten. Fehlerhaftigkeit beeinflußt also sowohl die Funktion des PPS-Systems als auch seine effiziente Nutzung durch die Anwender (vgl. POTHS 1989, S. 351 ff.).

Hieraus wird deutlich, daß die Fehlerhaftigkeit keinen direkten Einfluß auf den mittleren Informationsgehalt nimmt. Das ist informationstheoretisch auch begründbar, denn ein fehlerhaftes Datum kann für sich allein gesehen genauso Information liefern wie ein korrektes Datum. Eine Verrechnung der Fehlerhaftigkeit in den mittleren Informationsgehalt ist daher aus informationstheoretischer Sicht nicht zulässig. Dennoch leidet durch abnehmende Akzeptanz der Nutzer der mittlere Informationsgehalt, da mit zunehmender und anhaltender Fehlerhaftigkeit der Daten von den Nutzern nicht mehr auf das System zugegriffen wird. Dadurch verringert sich sogar die Zugriffswahrscheinlichkeit auf verständliche, relevante und aktuelle Daten.

10. Erprobung des Verfahrens im Rahmen einer Pilotanwendung

Um die Praktikabilität des oben entwickelten Verfahrens zu überprüfen, wurde in einem mittelständischen Maschinenbaubetrieb die Datenqualität des dort eingesetzten PPS-Systems ermittelt. Zum besseren Verständnis der vorgefundenen Verhältnisse wird das Unternehmen eingangs anhand der Betriebstypologie nach BÜDENBENDER (1990) beschrieben (siehe Anhang 13.3.1).

10.1 Betriebstypologie des untersuchten Unternehmens

Die Auftragsauslösung erfolgt bei dem untersuchten Unternehmen in Form von Produktion auf Bestellung mit Einzelaufträgen. Dabei werden Erzeugnisse nach Kundenspezifikation gefertigt. Es handelt sich um mehrteilige Erzeugnisse mit komplexer Struktur. Der Bedarf an Erzeugnissen bzw. Komponenten wird teilweise erwartungsorientiert, teilweise bedarfsorientiert auf Komponentenebene ermittelt. Der Sekundärbedarf wird teilweise auftragsorientiert, teilweise periodenorientiert aufgelöst.

Der Fremdbezug spielt bei dem untersuchten Betrieb nur eine untergeordnete Rolle. Die Bevorratung erfolgt auf den unteren Strukturebenen. Die Fertigung wurde als Einzel- und Kleinserienfertigung eingestuft. Sie erfolgt in Form einer Inselfertigung. Die vorherrschende Ablaufart der Montage ist die Gruppenmontage. Die Struktur der Fertigung erreicht mittlere Tiefe. Änderungseinflüsse aufgrund von Anforderungen seitens des Kunden spielen während der Fertigung nur noch eine unbedeutende Rolle. Aus diesen Zuordnungen heraus werden die konkreten Anforderungen des Betriebes deutlich, die zu den im folgenden aufgeführten Gewichtungen und Bewertungen geführt haben.

10.2 Festlegung der wichtigsten Dateien

Die Auswahl der zu untersuchenden Dateien erfolgte auf Basis der oben beschriebenen Funktionsbetrachtung (siehe Anhang 13.3.2). An diesem Verfahrensschritt war die gesamte Qualitätsgruppe beteiligt. Zuerst wurden die PPS-Funktionen gewichtet. Als Gewichtungsfaktoren waren möglich: 1 für geringe Wichtigkeit, 2 für mittlere Wichtigkeit und 3 für große Wichtigkeit. Bei der Vergabe der Gewichtungspunkte wurde nach dem Mehrheitsentscheid vorgegangen. Dies erwies sich insofern als günstig, als daraus eine starke Selektion hinsichtlich der Vergabe der höheren Wichtigkeitsstufen resultierte. Eine gewisse Kontrollmöglichkeit boten Unterlagen aus dem Pflichtenheft, das für die PPS-Auswahl erstellt worden war. Die Verteilung der Gewichtungspunkte ist der Tabelle im Anhang zu entnehmen. Die Summe aller Gewichtungspunkte ergibt sich zu 64. Würden alle Funktionen gleichmäßig mit der höchsten Wichtigkeit belegt, so ergäbe sich dafür ein Maximalwert von 102. Für die konkrete Anwendung werden ca. 60% dieses Maximalwertes erreicht.

Nachdem die Gewichtungsfaktoren festgelegt waren, wurden in die Kopfspalte des entsprechenden Formulars die Dateien des PPS-Systems eingetragen. Die Gesamtanzahl der Dateien des Anwendungsfalles betrug 42. Danach wurde von der gesamten Qualitätsgruppe für jede Datei festgelegt, welche PPS-Funktionen durch sie beeinflußt werden. Die Zuordnung erfolgte auf dem im Anhang gezeigten Formular. Bei dieser Zuordnung war die Kenntnis von Mitgliedern aus einzelnen Abteilungen über die Notwendigkeit der Dateien für die Durchführung von PPS-Funktionen maßgeblich. Es ergaben sich jedoch auch hier überwiegend einheitliche Auffassungen.

Im Anschluß erfolgte die Errechnung der absoluten Wichtigkeit der Dateien. Die Gewichtungsfaktoren der beeinflußten Funktionen wurden aufaddiert. Deutlich die höchste Wichtigkeit wurde der Artikelstammdatei beigemessen (siehe Abbildung 41). Interessant waren an der Bewertung die deutlichen Unterschiede hinsichtlich der Wichtigkeit. Die Artikelstammdatei erreichte 38 Punkte. An zweiter Stelle folgte die Kundenauftragsdatei mit nur 30 Punkten. Etwas weniger deutlich war der Abstand zur Arbeitsplandatei, die 26 Punkte erhielt. Die letzte in die Untersuchung einbezogene Datei war die Kundendatei mit 13 Punkten. Die Verteilung der Wichtigkeiten wurde von den Mitgliedern der Qualitätsgruppe als gerechtfertigt und ihrer Einschätzung entsprechend empfunden. Es wurden damit 8 Dateien zur näheren Untersuchung ausgesucht. Die Summe ihrer Wichtigkeitspunkte betrug 179, die relative Wichtigkeit der Artikelstammdatei ergab sich zu 38/179, also 22% etc..

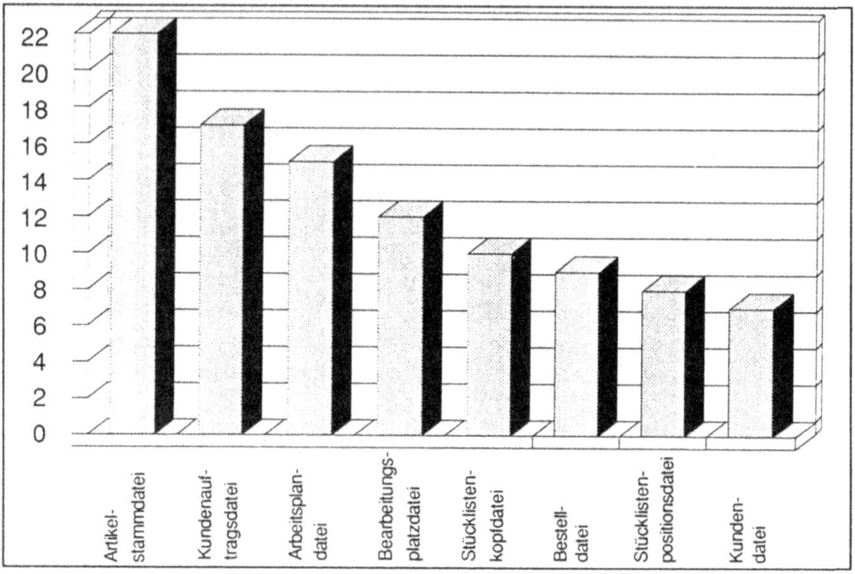

Abb. 41: Relative Wichtigkeiten der untersuchten Dateien

10.3 Prüfung der Verständlichkeit und Relevanz

Bei der Prüfung der systemseitigen Datenfelder auf Verständlichkeit und Relevanz ergaben sich die größten Prüfumfänge in der Artikelstammdatei und in der Kundendatei mit 167 bzw. 158 Datenfeldern (siehe Abbildung 42). Die Prüfung war mit relativ geringem Aufwand durchzuführen. Es waren je Datei 3 - 4 Sachbearbeiter an der Untersuchung beteiligt. Diese konnten die Frage nach der Verständlichkeit in allen Fällen ohne größere Probleme beantworten. Unterschiedliche Bewertungen traten häufig auf. Diese hingen mit dem unterschiedlichen Kenntnisstand der Sachbearbeiter zusammen. Es wurde als ausreichend betrachtet, wenn nur ein Mitarbeiter das fragliche Datenfeld als verständlich einstufte. Die Frage nach der Relevanz wurde demgegenüber in fast allen Fällen einstimmig beantwortet.

Den höchsten Verständlichkeitgrad erreichte die Arbeitsplatzdatei. Hier wurden 77% der insgesamt 43 Datenfelder als verständlich eingestuft. Ebenfalls zu über 70% verständlich waren nach Einschätzung der Sachbearbeiter die Datenfelder der Bestelldatei (74% von 46 Datenfeldern), Stücklistenstrukturdatei (72% von 18) und Stücklistendatei (71% von 28). Am schlechtesten schnitten die Kundenauftragsdatei und die Kundendatei mit in beiden Fällen nur 45% bei 105 bzw. 158 Datenfeldern ab. Beide Dateien wiesen standardmäßig eine große Anzahl von Datenfeldern auf, die in dem konkreten Anwendungsfall nicht benötigt wurden.

Dateien / Qualitätskennzahlen		Artikel-stammdatei	Kundenauf-tragsdatei	Arbeitsplan-datei	Bearbeitungs-platzdatei	Stücklisten-kopfdatei	Bestell-datei	Stücklisten-positionsdatei	Kunden-datei	Summe
Anzahl der systemseitigen Datenfelder		167	105	43	54	46	28	18	158	619
unverständliche Datenfelder		54	58	10	18	12	8	5	87	252
verständliche Datenfelder		113	47	33	36	34	20	13	71	367
Verständlichkeitsgrad		0,68	0,45	0,77	0,67	0,74	0,71	0,72	0,45	
irrelevante Datenfelder		115	82	21	41	32	17	10	123	441
relevante Datenfelder		52	23	22	13	14	11	8	35	178
Relevanzgrad		0,31	0,22	0,51	0,24	0,30	0,39	0,44	0,22	
zielbeeinflussende Datenfelder (Anzahl Ziele)	1	9	6	1	5	2	2	4	2	31
	2	4	1	3	2	2	2	1	2	17
	3	3	1	--	1	1	1	2	--	9
quantitative und zielbeeinflussende Datenfelder		7	2	4	4	1	3	1	--	22

Abb. 42: Ergebnisse der Verständlichkeits- und Relevanzprüfung

Dies zeigte sich auch bei den Relevanzgraden der beiden letztgenannten Dateien. Hier lagen sie gleichfalls mit nur 22% in beiden Fällen ganz hinten. Am günstigsten waren wiederum die Verhältnisse für die Arbeitsplatzdatei mit immerhin 51% relevanten Datenfeldern. Den zweitbesten Wert für die Relevanz der systemseitigen Datenfelder erzielte die Stücklistenstrukturdatei mit 44%. Alle weiteren Dateien erzielten Werte unter 40%. Insgesamt folgte die Verteilung der Werte der für die Verständlichkeitsprüfung. Es besteht also offensichtlich ein enger Zusammenhang zwischen der Anzahl der Datenfelder, mit der sich die Sachbearbeiter regelmäßig auseinandersetzen, die sich im Relevanzgrad niederschlägt, und dem Verständnis der damit verbundenen Abläufe und Begriffe.

Bereits in diesem Teil der Prüfung stellte sich heraus, in welchem letztendlich geringen Umfang das verwendete PPS-System tatsächlich genutzt wurde. Der mittlere Relevanzgrad betrug nur 32,88%. Dies bedeutet, daß nur knapp 1/3 der vom eingesetzten System angebotenen Möglichkeiten für Einträge im Anwendungsfall benötigt wurden. Die Auswirkungen auf die Nutzung der angebotenen Standardfunktionen wurden nicht untersucht, sind aber durchaus vorstellbar. Weiterhin anschaulich sind die ebenfalls nicht untersuchten Auswirkungen der geringen Relevanz- und Verständlichkeitsgrade auf die Transparenz der Lösung.

Parallel zu dieser Prüfung erfolgte, wie in Kapitel 7. erläutert die Untersuchung des Einflusses der relevanten Datenfelder auf die PPS-Ziele Bestandssenkung, Termintreue und Kapazitätsauslastung. Hier mußten die beteiligten Mitarbeiter besonders auf die Notwendigkeit einer strengen Selektion hingewiesen werden, da sie in Zweifelsfällen eher zu einer Einschätzung als zielebeeinflussend tendierten. Auch hier war das Mehrheitsprinzip bei der Zuordnung hilfreich. Insgesamt wurden 57 Datenfelder als zielebeeinflussend eingestuft, davon 16 in der Artikelstammdatei. 31 besaßen Einfluß auf ein Ziel, 17 auf zwei Ziele und 9 auf alle drei Ziele. Es war kein Zusammenhang zwischen Verständlichkeits- und Relevanzgrad auf der einen Seite und der Zahl der zielebeeinflussenden Datenfelder pro Datei auf der anderen Seite festzustellen.

Da einer Fehlerhaftigkeitsprüfung nur solche systemseitigen Datenfelder unterzogen werden, die Einfluß auf mindestens eines der 3 PPS-Ziele besitzen und gleichzeitig quantifizierend sind, wurde außerdem für die zielebeeinflussenden Datenfelder festgehalten, ob sie quantifizierend sind. Dabei blieben insgesamt 22 systemseitige Datenfelder, die im nächsten Schritt auf Fehlerhaftigkeit zu überprüfen waren. Probleme bereitete die Kundendatei. In ihr lagen keine quantifizierenden, zielebeeinflussenden Datenfelder vor. Eine Fehlerhaftigkeitsprüfung wurde entsprechend für diese Datei nicht vorgenommen. Um trotzdem die für die Bestimmung des mittleren Informationsgehaltes des Gesamtsystemes erforderlichen Angaben über die konkrete ABC-Verteilung und die Aktualität der Datensätze dieser Datei zu erhalten, wurden 20 Datensätze der Kundenstammdatei ausschließlich auf ihre Aktualität und ABC-Zuordnung hin überprüft.

10.4 Prüfung der Aktualität und Fehlerhaftigkeit

Die Untersuchung der Dateien auf Aktualität und Fehlerhaftigkeit wurde jeweils im Anschluß an die Untersuchung auf Verständlichkeit und Relevanz durchgeführt. Die Sachbearbeitergruppe war dieselbe wie für den vorangegangenen Teil der Untersuchung. Für die Fehlerhaftigkeitsprüfung wurde ein Tabellenkalkulationsprogramm herangezogen. Für diesen Teil der Prüfung wurden die Anforderungen d und k an die Prüfergebnisse mit 0,5 und 1,96 festgelegt. Dies bedeutet, daß die Wahrscheinlichkeit eines Fehlers von maximal 50% beim Ergebnis 95% beträgt. Ein Fehler von 50% mag auf den ersten Blick groß erscheinen, doch ist dabei zu berücksichtigen, daß sich bei der Fehlerhaftigkeitsprüfung Ergebnisswerte von maximal 4 einstellten. Die einzelnen Tabellen für die Ergebnisse der Fehlerhaftigkeitsprüfung finden sich im Anhang 13.3.4.

Als erste Abschätzung der Stichprobenumfänge wurde eine Anzahl von 10 Datensätzen angesetzt. Bis auf 5 Fälle erwies sich bei den gegebenen Voraussetzungen dieser Umfang als ausreichend. In 3 von diesen Fällen erhielt man letztlich Stichprobenumfänge von 12. In 2 Fällen ergaben sich aufgrund vollkommen unsinniger Systemwerte rechnerisch Stichprobenumfänge von zum Teil über 1000. In diesen Fällen wurde in Anbetracht des Prüfaufwandes und der mangelnden Aussagekraft der Ergebnisse auch bei größeren Prüfumfängen auf die Prüfung über einen Umfang von 12 Datensätzen hinaus verzichtet.

Die Datensätze der jeweiligen Dateien wurden mit laufenden Nummern versehen. Es wurden dann anhand von Rechneralgorithmen gemäß des Programmes IBM 360, Subroutine RANDU, Zufallszahlen gezogen und die diesen Zufallszahlen zugeordneten Datensätze zur Untersuchung selektiert. Dabei wurde zuerst die Aktualität des Datensatzes überprüft und in dem im Anhang gezeigten Formular notiert. Dann wurde der Datensatz unabhängig vom Ergebnis in ein ABC-Raster eingeordnet (siehe Abbildung 43). Hier mußte wie bei der Untersuchung der Zielebeeinflussung der systemseitigen Datenfelder darauf geachtet werden, daß seitens der Sachbearbeiter die Kategorie A nicht zu großzügig vergeben wurde. War ein Datensatz aktuell, so wurden die im vorangegangenen Schritt festgelegten Datenfelder auf Fehlerhaftigkeit untersucht.

Den höchsten Aktualitätsgrad erreichte die Kundenauftragsdatei mit 92%. D.h. 92% der in dieser Datei abgelegten Datensätze waren zum Zeitpunkt der Untersuchung aktuell. Immerhin noch 84% aktueller Datensätze wies die Bearbeitungsplatzdatei auf. Die geringste Aktualität hatte die Stücklistenpositionsdatei mit 18% und die Artikelstammdatei mit 15%. Diese waren mit 236.000 bzw. 87.000 Datensätzen mit Abstand die beiden umfangreichsten Dateien. Zieht man die Aktualitätsgrade jedoch in Betracht, so enthält die Stücklistenstrukturdatei nur noch ca. 42.000 Datensätze, mit denen gearbeitet wird. Überträgt man die Ergebnisse der Stichprobe, so waren in den 8 untersuchten Dateien insgesamt 327.436 Datensätze nach dem Urteil der Mitarbeiter nicht mehr aktuell. Rechnet man diesen Wert auf das Gesamtsystem mit ca. 42 Dateien insgesamt vorhandenen Dateien hoch, so ergibt sich eine Anzahl von ca. 1.700.000 nicht mehr benötigten Datensätzen mit der entsprechenden Anzahl an Datenfeldern.

Qualitätskennzahlen \ Dateien		Artikel-stammdatei	Kundenauf-tragsdatei	Arbeitsplan-datei	Bearbeitungs-platzdatei	Stücklisten-kopfdatei	Bestell-datei	Stücklisten-positionsdatei	Kunden-datei	Summe
Anzahl der Datensätze (Tausend)		87	5	37	0,6	9	42	236	5,5	422
erreichter Aktualitätsgrad		0,15	0,92	0,43	0,84	0,78	0,21	0,18	0,64	
errechnete Anzahl ABC - Datensätze (Tausend)	A	0,39	0,46	1,43	0,04	3,82	0,21	0,53	0,14	
	B	2,74	0,41	2.86	0,07	5,52	0,84	0,97	0,56	
	C	9,92	3,73	11,61	0,4	33,13	5,97	7,32	2,82	
Fehlerhaftigkeit		1,444	0,492	47,20	0,06	0,001	1,838	1,42	–	

Abb. 43: Ergebnisse der Aktualitäts- und Fehlerhaftigkeitsprüfung

Hinsichtlich der Fehlerhaftigkeitsprüfung erzielte die Arbeitsplandatei mit 47,20 das mit Abstand schlechteste Ergebnis. Dies bedeutet, daß sich die Fehler in dieser Datei so auswirken, als würden alle in dieser Datei abgelegten quantitativen Werte um 4720% von dem jeweils korrekten Wert abweichen. Dabei ist jedoch anzumerken, daß bei dem Datenfeld TW-Zeit (Transport- und Wartezeit) zum Teil vollkommen unsinnige Werte im System hinterlegt waren. Da aber andererseits gerade die Vorlaufzeit als für 3 PPS-Ziele einflußreich angesehen wurde, ist die harte Bewertung dieses Fehlers angemessen. Das gleiche Problem eines stark zielebeeinflussenden Datenfeldes mit vollkommen unsinnigen Systemwerten ergab sich für die Stücklistenpositionsdatei. Hier wurde aufgrund der Vorlaufzeit eine Fehlerhaftigkeit von 12,42 ermittelt. Die günstigsten Werte ergaben sich für die Bearbeitungsplatzdatei mit einer Fehlerhaftigkeit von 0,06 und die Stücklistenkopfdatei mit einer Fehlerhaftigkeit von nur 0,001.

10.5 Berechnung des mittleren Informationsgehaltes

Die Verdichtung der Ergebnisse erfolgte auf zwei verschiedene Arten. Die Fehlerhaftigkeitskennzahl ergab sich aus dem Mittelwert der Fehlerhaftigkeiten der einzelnen untersuchten Dateien. Die Kennzahl ergab sich zu 9,06. Wie oben erwähnt, ist diese Kennzahl so zu interpretieren, daß sich die in den Dateien auftretenden Fehler so auswirken, als ob jedes quantitative Datenfeld der untersuchten Dateien um 906% von dem in der Realität vorliegenden Wert abweichen würde. Dieser Wert muß unter der Einschränkung der großen Fehlerhaftigkeit der TW- und Vorlaufzeit relativiert werden.

Dennoch ist es kaum möglich, auf Basis solcher Werte noch eine sinnvolle Planung durchzuführen. So wurde auch von dem überwiegenden Teil der an der Untersuchung beteiligten Sachbearbeiter bestätigt, daß sie den durch das System errechneten terminlichen Vorgaben mit einer gewissen Skepsis gegenüberstehen und sich im Zweifelsfall eher auf die eigenen Erfahrungen stützen. Indirekt bedeutet dies, daß auf die Daten des Systems aufgrund der Fehlerhaftigkeit nicht oder nur eingeschränkt zugegriffen wird.

Die Kennzahlen für Verständlichkeit, Relevanz und Aktualität wurden in Verbindung mit den Angaben über die Zielebeeinflussung der systemseitigen Datenfelder, die Wichtigkeiten der Dateien und die ABC-Zuordnung der Datensätze zu einer Abschätzung des tatsächlich von den Dateien des Systems bereitgestellten Informationsgehaltes verdichtet (siehe Abbildung 44). Auch für diesen Schritt wurde das oben erwähnte Tabellenkalkulationsprogramm verwendet, das bereits für die Fehlerhaftigkeitsprüfung eingesetzt worden war.

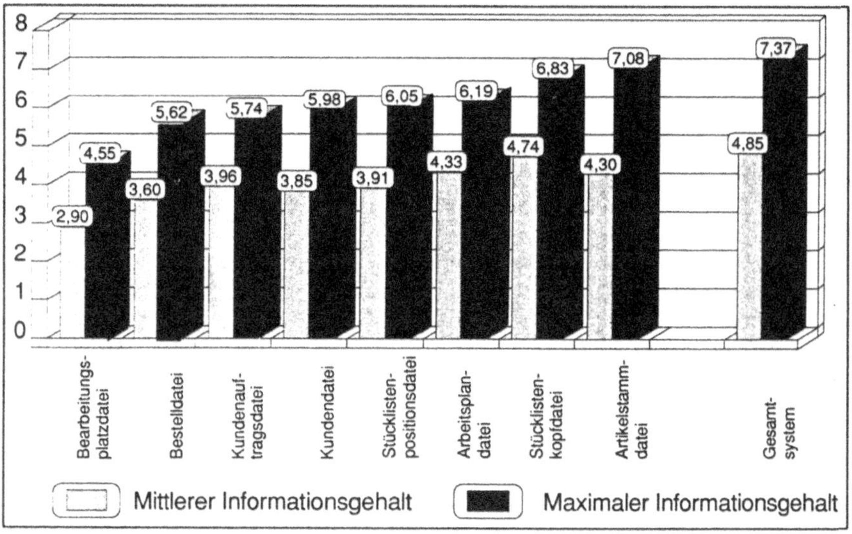

Abb. 44: Mittlerer und maximaler Informationsgehalt

Es ergab sich bei der Arbeitsplandatei der prozentual höchste mittlere Informationsgehalt mit 70%. Es wurde ein Wert von absolut 4,33 gegenüber 6,19 im Fall homogener Zugriffswahrscheinlichkeiten über alle Daten, also dem maximal erreichbaren Informationsgehalt erreicht. Diese Datei hatte zuvor schon den günstigsten Relevanzgrad aufgewiesen. An zweiter Stelle folgte die Stücklistenkopfdatei. Diese wies einen tatsächlichen Informationsgehalt von 4,74 auf gegenüber einem mit gleichem Datenvolumen maximal erreichbaren Wert von 6,83, was 69% ergibt. Die schlechtesten Verhältnisse der beiden Werte erreichten die Bearbeitungsplatzdatei mit 2,90 gegenüber 4,55, also 64%, und die Artikelstammdatei mit 4,30 gegenüber

7,08, also 61%. Damit könnte zwar absolut gesehen die Artikelstammdatei den theoretisch höchsten Wert erreichen, relativ fällt sie aber am schlechtesten aus.

10.6 Interpretation der Ergebnisse

Diese Werte erwecken bei erster Betrachtung den Eindruck, als lägen mit durchschnittlich 65% dennoch relativ günstige Werte vor. Es ist jedoch zu berücksichtigen, daß sich der Wert des mittleren Informationsgehalts aus einer logarithmischen Funktion errechnet. Es ist der dekadische Logarithmus zugrundegelegt. Interpretiert man die Werte entsprechend, so stellt man fest, daß die Arbeitsplandatei mit 1,5 Millionen Datenfeldern den gleichen Informationsgehalt zur Verfügung stellt, der bei homogener Zugriffswahrscheinlichkeit auch mit einer Zahl von nur ca. 21.000 Datenfeldern erreichbar wäre.

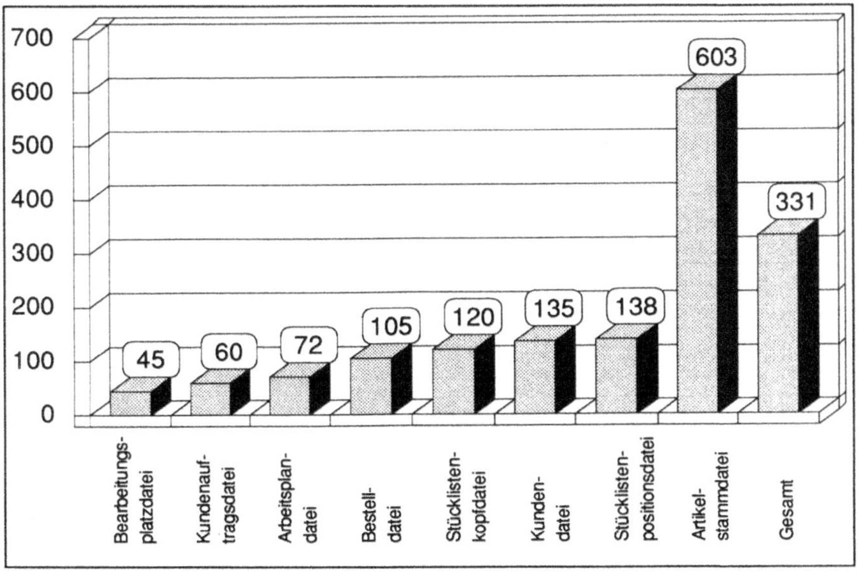

Abb. 45: Aufwandsfaktoren gegenüber minimalstem Datenvolumen

Es wird also mit der ca. 72-fachen Datenmenge gegenüber der theoretisch minimal erforderlichen gearbeitet. Für die Artikelstammdatei betragen die entsprechenden Werte 12,0 Millionen und knapp 20.000 mit denen der gleiche Wert erreichbar wäre. Hier wird mit dem 603-fachen des im günstigsten Fall benötigten Datenvolumens gearbeitet. In der Abbildung 45 sind diese Faktoren für alle Dateien aufgetragen und in eine Reihenfolge gebracht.

Für das Gesamtsystem ergeben sich unter Berücksichtigung der Ungleichverteilung der Zugriffswahrscheinlichkeiten auf die Dateien Werte von 7,37 für den maximalen und 4,85 für den tatsächlich erreichten Informationsgehalt (siehe Abbildung 46). Es wurde hier unter Berücksichtigung der Verringerung der Zugriffswahrscheinlichkeiten insgesamt der Informationsbeitrag einer jeden einzelnen Datei zum Gesamtsystem berechnet (siehe Anhang 13.3.5). Als prozentualer Anteil ergibt sich damit 66% des Erreichten gegenüber dem maximal Erreichbaren. Daß dieser Wert trotz des größeren Datenvolumens nicht deutlich größer, sondern teilweise sogar geringer als bei einigen Dateien ist, hängt mit der starken Ungleichverteilung der Zugriffswahrscheinlichkeiten auf die Dateien zusammen. Da Werte nur für die 8 wichtigsten Dateien ermittelt wurden und in den weniger wichtigen Dateien mit noch ungünstigeren Verhältnissen zu rechnen ist, handelt es sich bei dieser Abschätzung um eine eher positive Beurteilung der tatsächlichen Verhältnisse.

Die ermittelten Ergebnisse machen deutlich, daß ein Großteil der in dem vorliegenden Anwendungsfall verwalteten Datenfelder nicht sinnvoll genutzt wird. Dies hängt zum einen mit der mit 33% geringen Relevanz der systemseitig vorgegebenen Datenfelder zusammen. Zum anderern wirkt sich der mit 50% ebenfalls niedrige Aktualitätsgrad des Systems aus. Eine weitere Beeinträchtigung erfährt der Nutzen des Systems durch die starke Ungleichverteilung der Zugriffswahrscheinlichkeiten auf die einzelnen Datenfelder. Durch eine sinnvolle Überarbeitung des Systems könnte in diesem Bereich deutlich Aufwand verringert werden. Ein Zusammenhang zwischen dem übertrieben hohen Aufwand bei der Datenverwaltung und der außerordentlich hohen Fehlerhaftigkeit ist gegeben. Zum einen ist die fehlerhafte Eingabe von Werten sicherlich Ergebnis der Überlastung der Sachbearbeiter, die verursacht wird durch die in ihren Augen unsinnig große Menge an zu verwaltenden Daten. Zum anderen sinkt die Nutzung des Systems mit zunehmendem Mißtrauen gegenüber seinen

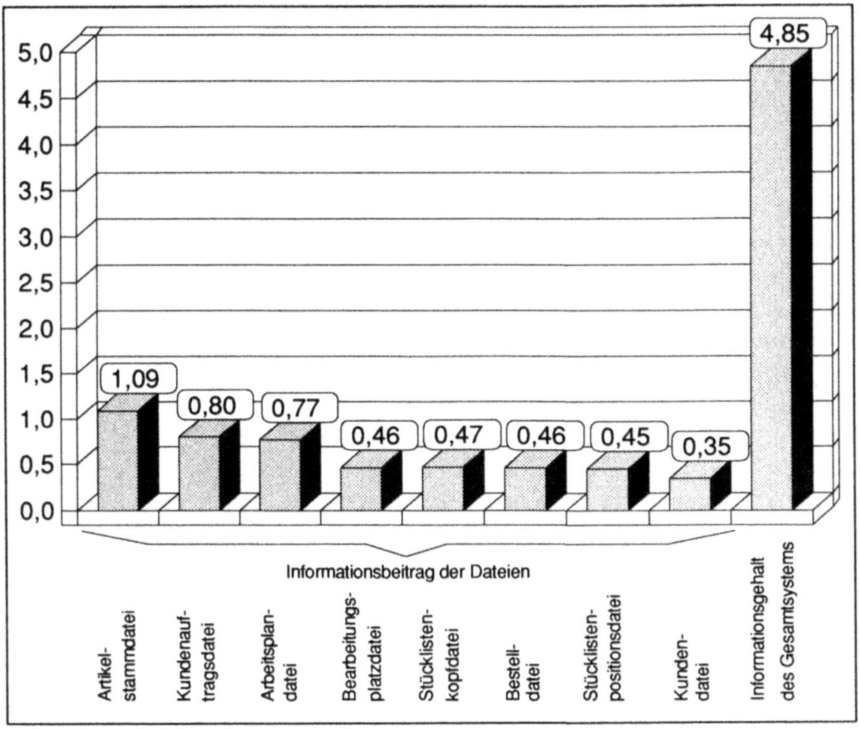

Abb. 46: Erreichter Informationsgehalt des Gesamtsystems

Informationen. Der Arbeitseinsatz wird damit als noch unsinniger empfunden, die Sorgfalt bei der Ermittlung der Eingabedaten sinkt weiter.

Abhilfe kann hier ein besser den Bedürfnissen des Anwenders angepaßtes PPS-System mit stärkerer Automatisierung der Datenermittlung schaffen. Auf diese Weise sinkt der Aufwand für die Datenverwaltung, während gleichzeitig das Vertrauen in die Systemwerte gesteigert werden kann. Hilfreich kann außerdem die Entwicklung von Prüfroutinen sein, die in regelmäßigen Abständen das Löschen nicht mehr verwendeter Datensätze vorschlagen.

11. Zusammenfassung und Ausblick

Die Mächtigkeit moderner, hochintegrierter Informationssysteme, insbesondere im Bereich der Produktionsplanung und -steuerung, stellt die Anwender teilweise vor erhebliche Probleme. Auf der Dateneingabeseite muß hoher Aufwand zur Datenerfassung getrieben werden, um den Betrieb, den Anforderungen der Systeme entsprechend, realitätsnah abzubilden. Auf der Datenausgabeseite werden dennoch viele Daten zur Verfügung gestellt, die von den Anwendern nicht sinnvoll genutzt werden. Die Systeme entsprechen nur unzureichend ihrem Zweck, den Nutzer bei dispositiven Entscheidungen wirksam zu unterstützen.

Trotz der großen Menge der in den Systemen vorhandenen Daten läßt die Güte der Entscheidungsunterstützung durch Informationen als Maßstab für die Datenqualität von PPS-Systemen zu wünschen übrig. Um diesen Mangel heutiger PPS-Systeme differenzierter faßbar zu machen, wurde ein Verfahren entwickelt, mit dessen Hilfe die Datenqualität von PPS-Systemen überprüft und quantifiziert werden kann.

Informationstheoretisch wird die Datenqualität eines Systems durch den mittleren Informationsgehalt der Gesamtheit aller Daten ausgedrückt. Dieser mittlere Informationsgehalt ist nach SHANNON (1949, 379 ff.) auf Basis der Zugriffswahrscheinlichkeiten quantifizierbar. In Anbetracht der Vielzahl der Daten in PPS-Systemen ist es jedoch nicht möglich, auf Basis einer rein statistischen Ermittlung der einzelnen Zugriffswahrscheinlichkeiten den Informationsgehalt eines PPS-Systems exakt zu bestimmen.

Daher ist es erforderlich, Merkmale zur Datenqualität zu verwenden. Auf der betrieblichen Seite beschreiben die Merkmale Fehlerhaftigkeit, Aktualität, Detaillierungsgrad und Vollständigkeit die Datenqualität. Auf der Seite der Nutzer wird sie durch die Merkmale Redundanz, Verständlichkeit, Transparenz und Relevanz ausgedrückt. All diese Qualitätsmerkmale wirken sich auf den mittleren Informationsgehalt eines PPS-Systems aus.

Geprüft werden können nur vorhandene Daten innerhalb eines PPS-Systems. Daher muß sich das Verfahren auf die Prüfmerkmale Fehlerhaftigkeit, Aktualität, Verständlichkeit und Relevanz beschränken. Die Fehlerhaftigkeit bezieht sich auf quantifizierbare Datenfelder und die Aktualität auf die Datensätze des Systems. Die Verständlichkeit und Relevanz betreffen die von den Programmen systemseitig vorgegebenen Datenfelder.

Zur Reduzierung des Prüfaufwands werden Stichproben vorgenommen. Bei den Stichprobenverfahren unterscheidet man zwischen Beurteilungsstichproben und Zufallsstichproben. Anhand einer Beurteilungsstichprobe werden die wichtigsten Dateien und Datenfelder ermittelt, die im weiteren Verlauf des Verfahrens weiter untersucht werden. Die Festlegung der wichtigsten Dateien erfolgt mittels einer Zuordnung der Dateien zu den gewichteten Funktionen eines PPS-Systems.

Die Zahl der im Laufe der Zeit von den Anwendern angelegten Datensätze kann in die Hunderttausende gehen. Daher ist es nicht möglich, alle Datensätze zu prüfen. Hier erfolgt die Aufwandsreduzierung anhand von Zufallsstichproben. Die Stichprobenstrategie nach NEYMAN-TSCHUPROW liefert für die vorliegenden Bedingungen bei sehr kleinen Stichprobenumfängen noch hinreichende Prüfergebnisse.

Nur die wichtigsten Dateien werden in Bezug auf Verständlichkeit und Relevanz ihrer systemseitig vorgegebenen Datenfelder geprüft. Die Prüfung durch eine Anwendergruppe erfolgt vor dem Hintergrund der Informationsebenen Syntax, Semantik, Pragmatik und Apobetik. Bei der Verständlichkeitsprüfung müssen die Regeln der Syntax und Semantik erfüllt sein. Bei der Relevanzprüfung muß die Pragmatik und Apobetik der Daten beachtet werden. Quantifizierende Datenfelder, die im Sinne der Apobetik auf die Ziele Bestandssenkung, Termintreue und Kapazitätsauslastung eines PPS-Systems wirken, werden für die anschließende Fehlerhaftigkeitsprüfung notiert.

Die Prüfergebnisse werden anhand von Qualitätskennzahlen verdichtet. Pro Datei wird die Verringerung des mittleren Informationsgehaltes aufgrund nicht gegebener bzw. inhomogen verteilter Zugriffswahrscheinlichkeit errechnet. Unverständliche, irrelevante und nicht aktuelle Daten erhalten die Zugriffswahrscheinlichkeit Null. Innerhalb der relevanten Datenfelder wird entsprechend der vorliegenden Zielbeeinflussungen und innerhalb der aktuellen

Datensätze anhand der Verteilung einer ABC-Analyse die in der Realität gegebenen Ungleichverteilung der Zugriffswahrscheinlichkeiten berücksichtigt. Auf diese Weise ergibt sich eine zweckmäßige Abschätzung für den mittleren Informationsgehalt pro Datei. Die Ergebnisse der Dateien werden zum mittleren Informationsgehalt des Gesamtsystems zusammengefaßt.

Im Rahmen einer Pilotanwendung wurde die Wirksamkeit und Praktikabilität des Verfahrens überprüft. Die dabei gewonnen Ergebnisse waren ernüchternd. Der mit der Menge der vorhandenen 23,4 Millionen Daten in den untersuchten Dateien maximal erreichbare mittlere Informationsgehalt von 7,37 betrug in der Realität nur 4,85. Diesen Wert könnte man auch mit einem Datenvolumen von nur 70.600 Daten bei vollständig homogener Verteilung der Zugriffswahrscheinlichkeiten erreichen. Daraus wird ersichtlich, daß im Bereich der Datenverwaltung noch Rationalisierungspotentiale vorhanden sind.

Es stellt sich somit vor dem Hintergrund dieser Ergebnisse die Frage nach möglichen Ursachen und Lösungsansätzen. Hier sind sowohl die Anbieter als auch die Anwender betroffen. In den achtziger Jahren wurde eine Vielzahl von Standardsystemen verkauft. Diese sind kaum auf den individuellen Informationsbedarf der Anwender abgestimmt. Sie decken ihn nur scheinbar durch große Funktionsvielfalt und damit oft irrelevanten Daten ab.

Seitens der Anwender ist man der Meinung, man könne durch eine komplette Abbildung aller Vorgänge innerhalb der Auftragsabwicklung eine breitere Informationsbasis in diesem Bereich erzielen. Die Folge davon ist eine immense Anhäufung von Datensätzen. Viele dieser Datensätze werden zur Entscheidungsunterstützung jedoch nicht benötigt. Die Wahrscheinlichkeit, daß auf die so gespeicherten Daten zugegriffen wird, sinkt, und damit nimmt der Informationsgehalt ab.

Eine Verbesserung kann in zweierlei Hinsicht erreicht werden. Was Verständlichkeit und Relevanz der systemseitigen Daten betrifft, sind die PPS-Anbieter gefordert. Die von den Systemen bereitgestellten Daten müssen mehr auf das individuelle Informationsbedürfnis des jeweiligen Anwenders zugeschnitten werden. Hier ist von der Softwarebranche die gleiche Flexibilität und Bereitschaft, auf spezielle Kundenwünsche einzugehen, zu fordern, wie dies seit Jahrzehnten in einem kundenorientierten Markt wie der Maschinenbaubranche bereits üblich ist.

Die Anwender hingegen müssen sich darüber klar werden, daß es nicht sinnvoll sein kann, alle denkbaren Vorgänge und Ereignisse auf einem EDV-System abbilden zu wollen. Einerseits verbessert sich der mittlere Informationsgehalt bei der Erhöhung des Datenvolumens nur logarithmisch, die durch größere Datenvolumina erreichbare Zuwachsrate nimmt also exponentiell ab. Andererseits ist darauf zu achten, daß die Zugriffswahrscheinlichkeit auf die Daten möglichst homogen verteilt ist, da eine Ungleichverteilung der Zugriffswahrscheinlichkeiten den mittleren Informationsgehalt unweigerlich verringert.

12. Literaturverzeichnis

ANKLAM, H.: Von der Datenverarbeitung zu strategischen Informationssystemen. In: Controller Magazin, 1(1989), S.11-16.

ARKIN, H.: Handbook of Sampling for Auditing and Accounting. Volume I: Methods. New York 1963.

AUTORENKOLLEKTIV: Lexikon der Produktionsplanung und -steuerung. Begriffszusammenhänge und Begriffsdefinitionen. Düsseldorf 1983.

AWF (Hrsg.): Integrierter EDV-Einsatz in der Produktion. CIM - Computer Integrated Manufacturing - Begriffe, Definitionen, Funktionszuordnung. Hrsg.: Ausschuß für Wirtschaftliche Fertigung (AWF). Eschborn 1985.

BARTH, R.: Just-in-Time-Planung mit MRP II. Die Säulen des CIM-Konzeptes bei DEC. In: Materialfluß, (1989), S. 80-84.

BALZER, H.: Transparenz im Ablauf. Produktionsdatenerfassungssysteme steigern die Aussagefähigkeit kurzfristiger Fertigungssteuerung. In: Maschinenmarkt, 9(1985)13, S. 110-117.

BÄUERLE, H. J.: Zuerst ein Konzept, dann BDE. In: CAE-Journal, 5(1988), S. 40-43

BAUER, M.: Datenbankkonzeption für Informationssysteme. In: Online, 7(1988), S. 28-31.

BECK, K. M.: PPS-Einsatz in einem Unternehmen mit hoher Variantenvielfalt. In: Zeitschrift für wirtschaftliche Fertigung, 84(1989)5, S. 261-263.

BERNER, C.: Noch kein Ideal. Studie über PPS-Systeme. In: Industrie-Anzeiger, 14(1990), S. 82-83.

BIEMANNS, F.; VISSERS, C.-A.: Reference Model for Manufacturing Planning and Control Systems. In: Manufacturing Systems, 8(1989)1, S. 35-45.

BILLETER, E. P.: Grundlagen der repräsentativen Statistik. Stichprobentheorie und Versuchsplanung. Wien/New York 1970 (=1970a).

BILLETER, E. P.: Grundlagen der Elementarstatistik. Beschreibende Verfahren. Wien/New York 1970 (=1970b).

BISCHOFF, R.: Wartung und Pflege von Anwendungssystemen. In: Handbuch der Modernen Datenverarbeitung, 135(1987), S.5-14.

BOLAY, F.; BUCHMEIER, N.: Ablösung bestehender PPS-Systeme. In: Planung und Produktion, 37(1989)12, S.15-18.

BORN, A.: PPS-Systeme: Der Tradition verhaftet. In: Topix, (1988)7/8, S. 28-31.

BOSCH, K.: Elementare Einführung in die angewandte Statistik. Braunschweig 1985.

BRANKAMP, K.: EDV-Einsatz in der Fertigungsplanung und -steuerung. Band I: Voraussetzungen und Gesamtkonzeption. Düsseldorf 1970.

BRANKAMP, K.: PPS und CIM-Realisierung zwischen Luftschlössern und Realität. Probleme - Fehler -offene Fragen. In: PPS 87. Hrsg.: Ausschuß für wirtschaftliche Fertigung (AWF). Eschborn 1987.

BRIEF, U.: Entwicklung und Erprobung eines EDV-gestützten Verfahrens zur Feinauswahl von Standardsystemen der Produktionsplanung und -steuerung im Maschinenbau. Diss, RWTH Aachen, 1984. (Forschungsinstitut für Rationalisierung - FIR - Aachen)

BRINKMANN, D.: Erfahrungen und Probleme bei der Planung und Realisierung von PPS-Systemen. In: Online (1985), S. 7S.1-7S.10.

BRUNNER, F. J.: Die Taguchi-Optimierungsmethoden. Ein neuer Qualitätsweg zur dynamischen Wettbewerbsfähigkeit. In: Qualität und Zuverlässigkeit, 34(1989)7, S. 339-344.

BÜDENBENDER, W.: Ganzheitliche Produktionsplanung und -steuerung. Konzepte für Produktionsunternehmen mit kombinierter kundenanonymer und kundenbezogener Auftragsabwicklung. Diss, RWTH Aachen, 1990. (Forschungsinstitut für Rationalisierung - FIR - Aachen)

COCHRAN, W.-G.: Sampling Techniques.
New York/London 1953.

CODD, E. F.: Further normalization of the data base relationalmodel.
In: Data Base Systems.
Hrsg.: R. Rustin.
New York, 1971, S. 33-64.

DANGELMEIER W.; u. a.: Die Grenzen von PPS-Systemen.
PPS: Neue Qualität mit neuen Konzepten.
In: Beschaffung, 10(1989 (=1989a)), S. 42-45.

DANGELMEIER W.: Hierarchisch strukturiert.
Leitstand zum Planen und Steuern eines flexiblen Fertigungssystems ist mehrstufig und modular ausgelegt.
In: Maschinenmarkt, 95(1989 (=1989b))27, S. 28-31.

DEMING W. E.: Some Theory of Sampling.
New York/London 1953.

DIETRICH, W.: Anforderungen an CIM-fähige Produktionsplanungs- und -steuerungssysteme.
In: Zeitschrift für wirtschaftliche Fertigung 83(1988)9, S. 459-463.

DIN 44300: Informationsverarbeitung; Begriffe Informationsdarstellung.
Berlin 1988.

DIN 44301: Informationstheorie.
Begriffe.
Berlin 1984.

DIN 44302: Informationsverarbeitung; Datenübertragung, Datenübermittlung.
Begriffe.
Berlin 1987.

DIN 55350: Begriffe in der Qualitätssicherung und Statistik.
Berlin 1987.

DIN 66234: Bildschirmarbeitsplätze, Teil 5.
Codierung von Informationen.
Berlin 1988.

DÖTTINGER, K.: Qualitätssicherung der Software.
In: Handbuch der Qualitätssicherung.
Hrsg.: W. Masing.
2. neuüberarbeitete Auflage.
München, Wien 1988.

DÜRR, W.: Wahrscheinlichkeitsrechnung und Statistik.
Wien 1987.

DWORATSCHEK, S.: Grundlagen der Datenverarbeitung.
6. Auflage.
Berlin, New York 1977.

ELLINGER, T; WILDEMANN, H.: Planung und Steuerung der Produktion aus betriebswirtschaftlicher Sicht.
Wiesbaden 1978.

EMONTS'BOTS, M.; LOEFFELHOLZ, F. v.; ROOS, E.: BAPSY - Bewertung und Auswahl von Produktionsplanungs- und -steuerungssystemen
In Sonderdruck 2/88, 3. Auflage 89.
(Forschungsinstitut für Rationalisierung - FIR - Aachen)

ERIKSSON, S.; LUND, K.: Interactive sequencing by computer graphics aided sequencing (CAS).
In: Proceedings of the IFIP Working Conf.
Hrsg.: P. Falster; R.-B. Mazumder.
Amsterdam 1985.

ESSER, U.; KEMMNER, A.: Arbeitssysteme für erfolgreiche CIM-Einführung.
In: CIM-Management, 1(1988), S. 34-40.
(Forschungsinstitut für Rationalisierung - FIR - Aachen)

ESSER, U.: Qualifikation tut not - Ein Konzept für die PPS-Schulung.
In: Auswahl, Einführung und Überprüfung von PPS-Systemen.
Hrsg.: R. Hackstein.
Köln 1990.
(Forschungsinstitut für Rationalisierung - FIR - Aachen)

ETZ, G.; WEIMAR, T.: Datenverwaltung und Kosten in dezentralen Anwendungen.
In: Online, (1989)6, S.48-49.

EVERSHEIM, W.: Organisation in der Produktionstechnik Bd. III.
Düsseldorf 1980.

EVERSHEIM, W.; BRACHTENDORF, TH.: PPS - ein zentraler Baustein für CIM.
In: Industrieanzeiger, 109(1987)58, S. 24-26.

EVERSHEIM, W.; PEIFFER T.: Vorlesung Qualitätssicherung.
RWTH Aachen 1988.

FAGENZER, K.: Falscher Perfektionismus bei der PPS-Auswahl.
In: Online, 11(1988), S. 44-45.

FINGER, J.: PPS-Einführung.
Chronik einer Verwirklichung.
In: Der Betriebsleiter 12(1988 (=1988a)), S. 40-42.

FINGER, J.: PPS-Auswahl ohne Pflichtenheft. In: online 4(1988 (=1988b)), S. 22-24.

FISCHER, G.: Entwurfsrichtlinien für die Software-Ergonomie aus der Sicht der Mensch-Maschine-Kommunikation. In: Software-Ergonomie, S. 30-45. Stuttgart 1983. Hrsg.: G. Balzert. Stuttgart 1983.

FREUDENTHAL, H.: Wahrscheinlichkeit und Statistik. München, Wien 1981.

FRÖHNER, K.-D.; HEINRICH, G.: Unternehmensziele als notwendige Auswahlkriterien für PPS-Systeme. In: PPS 85. Hrsg.: Ausschuß für wirtschaftliche Fertigung (AWF). Eschborn 1985.

FUNK, P.: Throughput planning instead of capacity planning is next logical step after MRP II. In: Industrial Engineering, 21(1989)1, S. 40-44.

GITT, W.: Logos oder Chaos. Stuttgart 1985.

GITT, W.: Information gehört zum Wesen des Lebens. In: Technische Rundschau, 47(1989), S. 40-47.

HAAGER, K.: Einführungsstrategien, Wirtschaftlichkeit und Wettbewerbswirkungen von PPS in CIM. In: PPS im Wandel. Hrsg.: gfmt. München, Frankfurt 1990.

HACKSTEIN, R.: CIM-Begriffe sind verwirrende Schlagwörter: Die AWF -Empfehlung schafft Ordnung! In: PPS 85. Hrsg.: Ausschuß für wirtschaftliche Fertigung (AWF). Eschborn 1985. (Forschungsinstitut für Rationalisierung - FIR - Aachen)

HACKSTEIN, R.: Einführung in die technische Ablauforganisation. 2. überarbeitete Auflage. München, Wien 1988. (Forschungsinstitut für Rationalisierung - FIR - Aachen)

HACKSTEIN, R.: Vorlesung Arbeitswissenschaft II und Betriebsorganisation II.
RWTH Aachen 1989 (=1989a).
(Institut für Arbeitswissenschaft - IAW - Aachen)

HACKSTEIN, R.: Produktionsplanung und -steuerung (PPS) - Ein Handbuch für die Betriebspraxis.
2. überarbeitete Auflage.
Düsseldorf 1989 (=1989b).
(Forschungsinstitut für Rationalisierung - FIR - Aachen)

HACKSTEIN, R.: PPS heute - zwischen CIM und Wirklichkeit.
In: Fortschrittliche Betriebsführung/Industrial Engineering, 39(1990)2, S. 50.
(Forschungsinstitut für Rationalisierung - FIR - Aachen)

HANSEN, M.-H.; HURWITZ, W.-N.; MADOW, W.-G.: Sample Survey Methods and Theory.
Volume I: Methods and Applications.
6. Auflage, New York 1953.

HANSEN, H. R.: Wirtschaftsinformatik I.
5. neubearbeitete und stark erweiterte Auflage.
Stuttgart 1985.

HARTUNG, J.: Lehr- und Handbuch der angewandten Statistik.
München, Wien 1989.

HEEG, F.-J.; SCHREUDER, S.: Software-Ergonomie. Grundlagen und Anwendung.
In: Arbeitsorganisation und Neue Technologien.
Hrsg.: R. Hackstein, F.-J. Heeg, F. v. Below.
Berlin, Heidelberg, New York 1986.
(Institut für Arbeitswissenschaft - IAW - Aachen)

HEEG, F.-J.: Empirische Software-Ergonomie.
Berlin, Heidelberg, New York 1988.
(Institut für Arbeitswissenschaft - IAW - Aachen)

HEINHOLD, J.; GAEDE, K.-W.: Ingenieur-Statistik.
4. Auflage.
München, Wien 1979.

HELBERG, P.: PPS als CIM-Baustein.
Gestaltung der PPS für die computerintegrierte Produktion.
Hrsg.: H. Krallmann.
Berlin 1987.

HENGARTNER, W.; THEODORESCU, R.: Einführung in die Monte-Carlo-Methode. Wien 1978.

HENZE, E.; HOMUTH, H.-H.: Einführung in die Codierungstheorie. Braunschweig 1974.

HEUWING, R.; LOEFFELHOLZ, F. v.: Einheitliche Begriffe für PPS-Module. Der erste Schritt zur Normung. In: CIM-Management, 1(1989), S. 55/56. (Forschungsinstitut für Rationalisierung - FIR - Aachen)

HOFF, H.: Schlechte Datenqualitäten verhindern gute Ergebnisse. In: PPS 86. Hrsg.: Ausschuß für wirtschaftliche Fertigung (AWF). Eschborn 1986.

HOHLER, B.: Güteprüfung von Software und das Gütezeichen Software. Anforderungen an die Qualität von Softwareprodukten, Prüfkriterien und Prüfmethoden. In: Praxishandbuch Qualitätssicherung. Hrsg.: J.-P. Bläsing. Ulm 1987.

HUNGERHOFF, J.; HAMACHER, W.; PAPE, D.: Gesamtkonzept statt Insellösung. Einführung eines PPS-Systems als CIM-Baustein. In: Industrie-Anzeiger, 111(1989)78, S. 44, 46.

JÄKEL, C.: "Monte Carlo" im Computer In: Micro Computer, (1987)8, S. 36-41.

JONES, C. V.: System for Manufacturing Scheduling with Interactive Computer Graphics. In: IEE Trans, 18(1986)3, S. 298-303.

JUNKER, R.; HEEG, F.-J.; SPIELER, B.: Bildschirmarbeitsplätze in der Arbeitsvorbereitung. In: Arbeitsvorbereitung 21(1984)5, S.134-138. (Institut für Arbeitswissenschaft - IAW - Aachen)

KISTNER, K.-P.; SWITALSKI, M.: Hierarchische Produktionsplanung. In: Zeitschrift für Betriebswirtschaft, 59(1989)5, S. 477-503.

KITTEL, Th.: Beitrag zur Aktualisierung von Planungsdaten EDV-gestützter Produktionsplanungs- und -steuerungssysteme auf Basis maschinell erfaßter Betriebsdaten. Diss. RWTH Aachen 1983. (Forschungsinstitut für Rationalisierung - FIR - Aachen)

KLAUS, G.; LIEBSCHER, H.: Wörterbuch der Kybernetik. Berlin, 1976.

KOREIMANN, D.-S.: Lexikon der angewandten Datenverarbeitung. Berlin, New York 1977.

KRAMER, D.: Eine exemplarische PPS-Lösung Variantenfertiger In: Arbeitsvorbereitung, München, 26(1989-)2, S. 53-56.

KREYSZIG, E.: Statistische Methoden und ihre Anwendungen. Göttingen 1979.

KRISHNAIAH, P. R.; RAO, C. R.: Handbook of Statistics. Bd. 6: Sampling. Amsterdam, New York, Oxford 1988.

KURPICZ, R.: PPS-Standardsoftware und Organisation (k)ein vorprogrammierter Konflikt. In: Zeitschrift für Führung und Organisation, 56(1987)6, S. 393-398.

LAMBERT, V.: CIM-Maßanzug für ein mittelständisches Unternehmen. Ziele und Einführungsprobleme. In: Office Management, 10(1989), S. 32-38.

LANGE W.; DOERKEN, W.: Kommunikationsergonomie: Benutzerfreundlichkeit. Köln, 1989.

LASZCZ, J.-F.: Take a Close Look At EMS And It's Role In Today's Manufacturing Environment. In: Industrial Engineering, 12(1989), S. 22-24.

LEINER, B.: Stichprobentheorie. München 1985.

LOEFFELHOLZ, F. v.: Weniger ist mehr; Datenhalden verhindern eine wirksame Datenhaltung. In: PPS 89. Hrsg.: Ausschuß für wirtschaftliche Fertigung (AWF). Eschborn 1989. (Forschungsinstitut für Rationalisierung - FIR - Aachen)

LOEFFELHOLZ, F. v.: Test von PPS-Systemen. In: Auswahl, Einführung und Überprüfung von PPS-Systemen; Hrsg.: R. Hackstein. Köln 1990. (Forschungsinstitut für Rationalisierung - FIR - Aachen)

LOOS, U.: Auftragsabwicklung verbessern - aber wie? In: CIM-Management, 5(1989)2, S. 15-19.

LORENZ, R.: Rationalisierungsansätze in Unternehmen mit Einzelfertigung. In: Arbeitsvorbereitung, 25(1988)4, S. 127-131.

MACE, A. E.: Sample-Size Determination. New York 1964.

MAIER, D.: Produktionsplanung und -steuerung. Ungarische Post für Rechner. In: Logistik heute, 6(1989), S. 42-44.

MÄUSL, L.: Rechnerunterstützte Produktion: Ein Modell für den Mittelstand. In: MEGA, 2(1987)5, S. 18-22.

MARTIN, H.: Systematische Industrieplanung: Methodischer Planungsablauf. In: Fördertechnik, 7/8(1987), S. 58-60.

MATHIEU, H.; MENSCH, M.: PPS- und BDE-Einsatz bei einem mittelständischen Hebebühnen-Hersteller. In: Zeitschrift für wirtschaftliche Fertigung, 84(1989)2, S. 78-80.

MEINBERG, U: Leitsysteme in der Logistik. In: Logistik Spektrum, 1(1989), S. 19-24.

MELCHIOR, W.; KRING, R.: Prüfplanung. In: Handbuch der Qualitätssicherung. Hrsg.: W. Masing. 2. neu überarbeitete Auflage. München, Wien, 1988.

MEYNERT, J.; KURBEL, K.: Dialogsysteme für den Auftragsfertiger. Entwicklungsstand und Bewertung neuerer PPS-Systeme. In: Information Management, 1(1986), S. 42-48.

MEYNERT, J.: PPS*STAR/L1 - ein PPS-System für mittelständische Einzel- und Auftragsfertiger. In:CIM-Management, 1(1990), S. 9-16.

MIESSEN, E.: Rechnergestützte Produktionsplanung und -steuerung. Effizienzorientierte Auswahl angepaßter Standardsoftware. Forschung für die Praxis: Bd.25 Hrsg.: R. Hackstein. Berlin, Heidelberg, New York, London, Paris, Tokyo, 1989. (Forschungsinstitut für Rationalisierung - FIR - Aachen)

MINKE, D.; V.D. MEER, U.; MATTHES, G.: DV-Unterstützung von der Projektierung bis zur Werkstattsteuerung. In: MEGA, 3(1988)1, S. 54-57.

MIROW, H.-M.: Kybernetik. Grundlage einer allgemeinen Theorie der Organisation. Wiesbaden, 1969.

MÜLLER, C.: Einsatz individueller Datenverarbeitung. In: Online, 6(1989), S. 50-51.

NESBIT, I.-S.: On Thin Ice: Micros and Data Integrity. In: Datamination, 34(1986), S. 80-84.

NILSSON, R.: Informationsmanagement und Controlling. Kooperation statt Konfrontation. In: Office Management, 1-2(1989), S. 30-32.

NN: Softwarequalitätssicherung - Aufgaben, Möglichkeiten, Lösungen. In: DGQ-NTG-Schrift Nr. 12-51. Hrsg.: Deutsche Gesellschaft für Qualität. Berlin 1986.

NN: Qualitätskennzahlen (QKZ) und Qualitätskennzahlensysteme. In: DGQ-Schrift Nr. 14-23. Hrsg.: Deutsche Gesellschaft für Qualität. Berlin 1984.

NORTON, N.: Breath new life into your MRP system. In: Production Engenieer, 10(1988), S. 46-51.

NULLMEIER, E.; RÖDIGER, K.-H.: Arbeitsorientierte Anforderungen an die Gestaltung von PPS-Systemen. In: Rechnerintegrierte Produktion. Hrsg.: H. Hirsch-Kreinsen; R. Schulz-Wild. Frankfurt, New York 1986.

NYHUIS, F.: Qualität der Betriebsdaten oft unzureichend. In: Industrieanzeiger, 105(1983), S. 28-32.

ORTMANN, L.: Einsatzmöglichkeiten von branchen- und fertigungstyporientierten PPS-Systemen. In: Arbeitsvorbereitung, 21(1984)2, S. 44-46.

ÖSTERLE, H.: Qualitätssicherung in Spezifikation und Entwurf. In: Handbuch der Modernen Datenverarbeitung, 105(1982), S.17-22.

PERSCHBACHER, R.: Entscheidungshilfe - System zum Planen und Steuern der Produktion erfaßt Daten auf allen Hierarchieebenen eines Betriebes. In: Maschinenmarkt, 95(1989)7, S. 28-33.

PETERMANN, E.; SELL, R.: FANAL - Ein Instrumentarium zur Analyse der Wirksamkeit EDV-gestützter Fertigungssteuerungssysteme. In: VDI-Zeitschrift, 123(1981)21, S. 885-888. (Forschungsinstitut für Rationalisierung - FIR - Aachen)

PFANNZAGL, J.: Allgemeine Methodenlehre der Statistik. Bd. 2: Höhere Methoden. Berlin, New York 1978.

POTHS, W.: Die PPS-Realität im Deutschen Maschinen- und Anlagenbau. Der große Unterschied zwischen Erwartung und Erfüllung. In: PPS 89. Hrsg.: Ausschuß für wirtschaftliche Fertigung (AWF) Eschborn 1989.

RAJ, D.: Sampling Theory. New York 1986.

ROOS, E.; FÖRSTER, H.-U.; LOEFFELHOLZ, F. v.: Marktspiegel - PPS-Systeme auf dem Prüfstand. 3. Auflage. Hrsg.: R. Hackstein. Köln 1988. (Forschungsinstitut für Rationalisierung - FIR - Aachen)

ROOS, E.: Benutzerfreundliche Gestaltung auch bei PPS-Systemen. In: Auswahl, Einführung und Überprüfung von PPS-Systemen. Hrsg.: R. Hackstein. Köln 1990. (Forschungsinstitut für Rationalisierung - FIR - Aachen)

ROSCHMANN, K.: Fertigungssteuerung. Einführung und Überblick. München 1980.

ROSCHMANN, K. u.a.: Betriebsdatenerfassung in Industrieunternehmen. München, 1979.

SACHSE, C.: Lauter ungelegte Eier. In: Management Wissen, 9(1988), S. 75-82.

SAUERBREY, G.: Die Pflege der Datenqualität im CIM-Verbund. In: PPS 86. Hrsg.: Ausschuß für wirtschaftliche Fertigung (AWF). Eschborn 1986.

SCHEER, A. W.: Stand und Trends der computergestützten PPS in der Bundesrepublik Deutschland. In: Zeitschrift für Betriebswirtschaft, 53(1983)2, S. 138-155.

SCHEER, A. W.; HERTERICH, R,; KLEIN, J.: INMAS - Eine individuell konfigurierbare Schnittstelle. In: Informations Management, 1(1990), S. 16-26.

SCHILLING, G.: Produktionsplanung und -steuerung. PPS - ein Thema für den Mittelstand. In: Technische Rundschau, 31(1988), S. 36-39.

SCHMIDHÄUSLER, J.: Strategische Planung der Informationstechnologie. In: Office Management, 7/8(1989), S. 70-71.

SCHMITZ, N.; LEHMANN, F.: Monte-Carlo-Methoden I. Erzeugen und Testen von Zufallszahlen. Meisenheim, Glan 1976.

SCHOMBURG, E.: Einsatzmöglichkeiten d. BDE im Rahmen der Werkstattsteuerung. In: Handbuch zum Seminar "Einsatz EDV-gestützter Betriebsdatenerfassungssysteme im Rahmen der Werkstattsteuerung". Düsseldorf 1985.

SCHUMACHER, E.: Darstellung und Überwachung von Kennzahlen auf PC's basierend auf der belastungsorientierten Auftragsfreigabe - eine realisierte Lösung im Rahmen eines integrierten PPS-Systems In: PPS 85. Hrsg.: Auschuß für wirschaftliche Fertigung (AWF). Eschborn 1985.

SCHUMACHER, E.: Übergreifende Integration - Voraussetzung für erfolgreichen Einsatz von PPS-Systemen. In: CIM-Management, 4(1986), S. 30-33.

SCHWEIGGERT, F.: Softwarequalität - Qualitätsmerkmale und deren Bewertung anhand von Checklisten. In: Praxishandbuch Qualitätssicherung. Hrsg.: J.-P. Bläsing. Ulm 1988.

SCHWETZ, R.: Datenhaltungskonzepte unter dem Aspekt schneller Produktwechsel. In: PPS im Wandel. Hrsg.: Gesellschaft für Management und Technologie (gmft). München, Frankfurt 1990.

SEELBACH, H.: Ablaufplanung. Würzburg, Wien 1975.

SHANNON, C. E.: The Mathematical Theory of Communication. In: Bell Systems Technical Journal, 27 (1948), S. 379-623.

SHANNON C. E.; WEAVER, W.: Mathematische Grundlagen der Informationstheorie. Oldenburg, München 1976.

SNEED, H. M.: Computergestützte Software-Qualitätssicherung. Das Softing-System. In: Handbuch für Moderne Datenverarbeitung, 105(1982), S.53-65.

SNEED, H. M.: Software-Qualitätssicherung für kommerzielle Anwendungssysteme. Köln 1983.

SPEITH, G: Vorgehensweise zur Beurteilung und Auswahl von Produktionsplanungs-und -steuerungssystemen für Betriebe des Maschinenbaus. Diss. RWTH Aachen, 1982. (Forschungsinstitut für Rationalisierung - FIR - Aachen)

SPUR, G.: CIM mit heutigen Mitteln. In: VDI-Nachrichten, 39(1985)52, S. 14.

STEINMETZ, G.: PPS auf der Basis relationaler Datenbanken. In: PPS im Wandel. Hrsg.: Gesellschaft für Management und Technologie (gmft). München, Frankfurt 1990.

STENGER, H.: Stichproben. Heidelberg, Wien 1986.

STORM, R.: Wahrscheinlichkeitsrechnung, mathematische Statistik und statistische Qualitätskontrolle. Leipzig 1979.

TABAKA, J.: Zwang zur Eigenprogrammierung. In: Moderne Fertigung, 16(1988)4, S. 32-40.

TAGUCHI, G.: On-Line Qualitity Control During Production. Tokyo 1981.

VDI/VDE/DAQ: 2619 Prüfplanung. Düsseldorf 1985.

VIRNICH, M.: Betriebsdatenerfassung in Konstruktion und Arbeitsplanung.
Forschung für die Praxis. Bd. 15
Hrsg.: R. Hackstein.
Berlin, Heidelberg, New York, London, Paris, Tokyo, 1988.
(Forschungsinstitut für Rationalisierung - FIR - Aachen)

VOLLMER, M.: Der Komplexitäts-Komplex.
In: Online 9(1989), S. 60-68.

VORSPEL-RÜTER, F.: Datenqualität - Achillesferse der PPS.
In: Auswahl, Einführung und Überprüfung von PPS-Systemen.
Hrsg.: R. Hackstein.
Köln 1990.
(Forschungsinstitut für Rationalisierung - FIR - Aachen).

WARNECKE, H. J.: Die Produktion als Regelkreis, Überlegungen zur seiner Gestaltung.
In: Automatisierungstechnische Praxis, 31(1989)3, S. 110-115.

WEBER, D. M; MOODIE, C. L.: An Intelligent Information System for Automated, Integrated Manufacturing System.
In: Journal of Manufacturing Systems, 8(1989)2. S. 100-113.

13. Anhang

13.1 Beispiele zu den Merkmalen der Datenklassifikation

Die folgende Abbildung 47 enthält einige Beispiele zur Datenklassifikation. Die Beispiele sind in der Abbildung numeriert, und diese Nummern werden im weiteren Text näher erläutert.

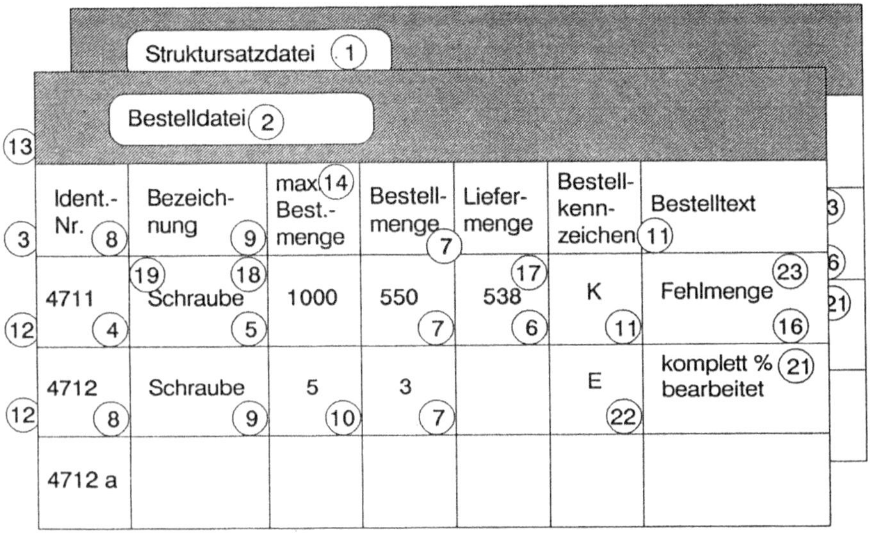

Abb. 47: Beispiele für die Merkmale der Datenklassifikation

Beispiel zum Merkmal Struktur

1 Datenbank: Eine Datenbank besteht aus vielen Dateien. PPS-Systeme können aus 100 und mehr unterschiedlichen Dateien bestehen.

2 Datei: Hier werden als Beispiel die Struktursatzdatei und die nachstehend näher erläuterte Bestelldatei aufgeführt.

3 Datensatz: Die Zeile hinter der Identnummer 4711 stellt einen gesamten Datensatz dar.

4 Datenfeld: Die Identnummer 4711 steht für ein Datenfeld innerhalb des Datensatzes

Beispiel zum Merkmal Funktion

5 planend: Die maximale Bestellmenge ist ein **Plandatum**. Der Wert 1000 hat langfristig für das Teil 4711 Gültigkeit.

6 operativ: Die gelieferte Menge von 538 Schrauben ist das Ergebnis der Operation Lieferung und damit ein **Istdatum**.

7 dispositiv: Das dispositive **Solldatum** zu der gelieferten Menge waren ursprünglich 550 Schrauben.

Beispiel zum Merkmal Aufgabe

8 identifizierend: Die Nummer 4711 ist das identifizierende Datum für den dahinter stehenden Datensatz. Sie ist der Primärschlüssel für diesen Datensatz und kann deshalb nur einmal in der Datei vorkommen.

9 qualifizierend: Die Bezeichnung ist ein das Objekt Schraube beschrei bendes Feld. Sie wird nicht verrechnet.

10 quantifizierend: Die maximale Bestellmenge ist ein quantifizierender Wert und sperrt Bestellungen, die diese Menge überschreiten. Damit wird eine unnötige Erhöhung der Bestände verhindert.

11 steuernd: Das Bestellkennzeichen ist ein steuerndes Datum. Es leitet die Bestellsätze mit dem Kennzeichen "K" wie Kaufteil an den Einkauf und die Bestellungen mit dem Kennzeichen "F" wie Fertigungsteil an die Arbeitsvorbereitung weiter. Fehler, beispielsweise ein Kennzeichen F bei Schrauben, werden im Rahmen der Auftragsabwicklung in der Regel sofort erkannt.

Beispiel zum Merkmal Bezug

12 Betrieb: Alle Daten innerhalb der Datei sind betriebliche Daten, da sie sich auf reale, im Betrieb existierende Objekte beziehen. Sie werden betriebsseitig eingegeben.

13 System: Alle Daten in der Kopfzeile sind systemseitig vorgegeben. Hier werden Angaben zu konkreten betrieblichen Objekten gemacht.

Beispiel zum Merkmal Variabilität

14 auftragsunabhängig: Die maximale Bestellmenge ist auch gültig, ohne daß eine konkrete Bestellung vorliegt. Sie hängt von keinem Termin ab und ist daher auftragsunabhängig.

15 auftragsabhängig: Die Bestellmenge gilt nur für diesen Bestellauftrag, welcher einem konkreten Termin unterliegt. Sie ist daher auftragsabhängig.

Beispiel zum Merkmal Stellung

16 Eingabe: Die Bezeichnung muß hier eingegeben werden und ist daher ein Eingabedatum.

17 Referenz: Die Liefermenge wird im Wareneingang erfaßt und hier nur angezeigt. Sie ist daher ein Referenzdatum.

18 Ausgabe: Die Bezeichnung wird vom Disponenten gelesen und ist deshalb ein Ausgabedatum.

Beispiel zum Merkmal Darstellung

19 alphabet.: Die Bezeichnung ist ein rein alphabetisches Datum.

20 numerisch: Die Identnummer 4712a ist ein alphanumerisches Datum.

21 gesondert: Das Prozentzeichen % ist ein Sonderzeichen im Bestelltext.

Beispiel zum Merkmal Aufbau

22 formatiert: Das Datum Bestellkennzeichen ist wie fast alle anderen Felder formatiert, also begrenzt. In diesem Fall auf ein Zeichen.

23 unformat.: Bestelltexte sind unformatierte Daten.

13.2 Beschreibung der Ebenen der Information

Datenqualität auf der Ebene der Statistik

Gemäß der Definition können alle vorgenannten Datenqualitätsmerkmale auf das rein statistische Problem der Zugriffswahrscheinlichkeiten zurückgeführt werden (vgl. SHANNON/WEAVER 1976, S. 35). Es wurde bereits hervorgehoben, daß die rein statistische Bemessung des mittleren Informationsgehaltes von Daten durch die Erfassung ihrer Zugriffswahrscheinlichkeiten zwar mathematisch korrekt und allgemeingültig, für die Entwicklung eines Verfahrens zur Überprüfung der Datenqualität in PPS-Systemen jedoch nicht praktikabel ist. Es müßte jedem Datenfeld eines PPS-Systems ein Zähler mitgegeben werden, der erfaßt, wie oft darauf zugegriffen wird. Dies ist mit wirtschaftlich vertretbarem Aufwand nicht durchführbar. Das Gebiet der Semiotik beschäftigt sich mit Ableitungen der rein statistischen Betrachtungsweise. Aus dem Bereich der Semiotik wird zunächst die Syntaktik oder auch Syntax diskutiert.

Datenqualität auf der Ebene der Syntax

Die Syntax befaßt sich mit der Struktur von Daten. Für die betroffenen Datenfelder bedeutet die Einhaltung der syntaktischen Regeln, daß die gebildeten Zeichenkombinationen sinnvolle Wörter des Anwendungsgebietes darstellen. Bei den heute angebotenen Systemen wird dies oft nicht erfüllt. Es muß daher ein immenser Schulungsaufwand zur Einarbeitung der PPS-Anwender in die Syntax der Datenfelder getrieben werden.

Werden die Regeln der Syntax nicht eingehalten, dann wird die Informationsübertragung verwirrend und mißverständlich. Das kann alle Bereiche eines PPS-Systems betreffen, die Abkürzungen verwenden, die für die Nutzer nicht verständlich sind. Nachstehend einige Beispiele: Die Abkürzung "Sabe" steht für Sachbearbeiter, "MIKZ" für Mindestbestandskennzeichen und "GBS" für Gebrauchsbestandsschlüssel. Anwender, die nicht ständig mit diesen Daten zu tun haben, haben Probleme syntaktischer Art.

Datenqualität auf der Ebene der Semantik

Die semantische Ebene behandelt die Bedeutung der Datenfelder. Hier wird die in den Daten enthaltene Botschaft untersucht. In der Semantik ist die gewünschte Aussage der Daten enthalten. Wegen der Zweckgebundenheit von Informationen im Unterschied zu Nachrichten enthalten Informationen stets Semantik. Semantische Verständigungsprobleme gibt es in jedem Fachgebiet aufgrund der Verwendung von Fachsprachen. Oft sind die verwendeten Begriffe in den Fachbereichen so spezifisch, daß ihre Bedeutung von den Nutzern nicht nachvollzogen werden kann. Dies gilt insbesondere für CIM (HACKSTEIN 1985). Aber auch innerhalb der Fachsprache PPS gibt es semantische Übertragungsprobleme (vgl. HEUWING/v. LOEFFELHOLZ 1989, S. 55 f.). Im obigen Beispiel kann man die Bedeutung des Datenfeldes "Sabe" noch leicht nachvollziehen. Das Datenfeld "MIKZ" ist ein steuerndes Datenfeld und sagt aus, ob der Mindestbestand eines Teils automatisch oder manuell berechnet werden soll. Die Bedeutung des Datenfeldes "GBS" war selbst anhand der

Bedienungsanleitung ohne ausführliche Erläuterung des Spezialisten beim Systemanbieter nicht zu verstehen.

Datenqualität auf der Ebene der Pragmatik

Die Pragmatik fragt nach den Handlungen, die aufgrund der gelieferten Informationen ausgelöst werden sollen. Es kann zwischen drei Arten von Handlungen unterschieden werden:

- Handlungsweisen ohne jeglichen Freiheitsgrad (starr, unabdingbar, eindeutig, programmgesteuert) wie etwa die Berechnungen, die in einem PPS-System automatisch aufgrund der hinterlegten Algorithmen durchgeführt werden,

- Handlungsweisen mit eingeschränktem Freiheitsgrad, etwa die operative Seite der technischen Auftragsabwicklung,

- Handlungsweisen mit hohem Freiheitsgrad, etwa die dispositiven Entscheidungen der Nutzer eines PPS-Systems.

Handlungen der Nutzer werden am ehesten ausgelöst, wenn überwiegend relevante und verständliche Datenfelder in transparenter Form vorliegen. Je relevanter Daten aus der Sicht der Benutzer sind, umso mehr beeinflussen sie die Handlungweisen (vgl. NORTON 1988, S. 46 ff.). Wiederum auf das obige Beispiel bezogen, kann die Information über den Namen des zuständigen Sachbearbeiters durchaus Handlungen veranlassen. Mit einem manuell festgelegten Mindestbestand kann der Bestellzeitpunkt eines Teiles noch beeinflußt werden. Automatische Mindestbestandsberechnung verursacht einen starren Rechenalgorithmus und läßt dem Disponenten keinen Handlungsspielraum. Ein unverständlicher Gebrauchsbestandsschlüssel löst keinerlei Handlungen aus.

Datenqualität auf der Ebene der Apobetik

Die letzte und die höchste Ebene der Information ist nach GITT (1985) die der Apobetik. Die Apobetik betrifft die Ziele eines Informationssystems. Dem Ergebnis auf der Ausgabeseite liegen auf der Eingabeseite Zielvorgaben zugrunde. Der Apobetikaspekt ist daher die wichtigste Ebene eines Informationssystems. Wie bereits bei der Beschreibung der Beschaffenheit von Daten erwähnt, beeinträchtigt insbesondere Fehlerhaftigkeit der Werte von betrieblichen Datenfeldern die Zielerreichung eines PPS-Systems. Die möglichst korrekte Abbildung der quantitativen Sachverhalte ist deshalb für die Wirksamkeit eines PPS-Systems von großer Wichtigkeit. Dieser Einfluß ist bei der Festlegung der auf Fehlerhaftigkeit zu prüfenden Daten zu berücksichtigen. Im obigen Beispiel hat der Wert des Datenfeldes Mindestbestand Zieleinfluß. Ein zu hoher Mindestbestand wirkt dem Ziel der Bestandssenkung entgegen, ein zu geringer Mindestbestand gefährdet die Termintreue.

13.3 Ergebnisse der Pilotanwendung

13.3.1 Betriebstypologie des Unternehmens

Zur besseren Interpretation der Ergebnisse aus der Pilotanwendung des Verfahrens wurde die Betriebstypologie des Unternehmens erfaßt, bei dem das Verfahren erstmals angewendet wurde. Die Zuordnung zu den Merkmalsausprägungen findet sich in der Abbildung 48.

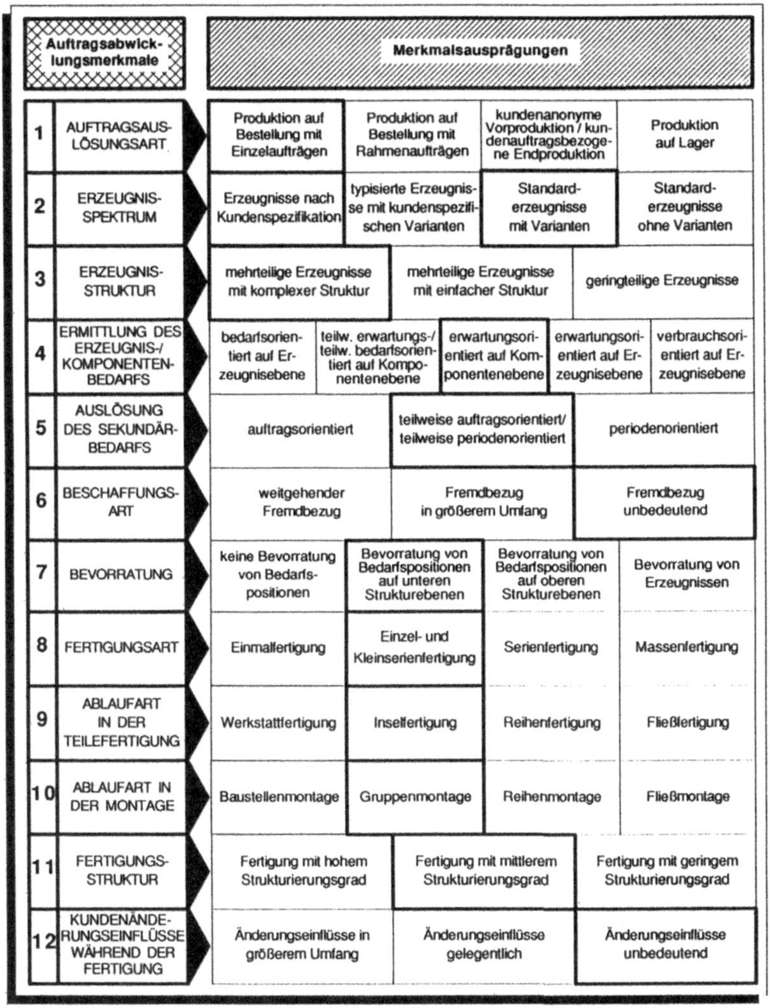

Abb. 48: Betriebstypologie des Pilotanwenders

13.3.2 Funktions-/Dateizuordnung zur Ermittlung der Dateien

Die für die Pilotanwendung vorgenommene Zuordnung der PPS-Funktionen zu den Dateien befindet sich für die ersten 13 Dateien in der Abbildung 49. Hieraus resultieren die wichtigsten und zu prüfenden Dateien.

Funktionen der PPS			Gew.-Faktor g_i	Artikelstammsatz	Kundenauftragsdatei	Arbeitsplandatei	Bearbeitungsplatzdatei	Bestelldatei	Stücklistenpositionsdatei	Stücklistenkopfdatei	Kundendatei	Lagerbewegungsdatei	Personalstammdatei	Lieferantenstammdatei	Kalkulationssatzdatei	Addressdatei
1 Produktionsprogrammplanung	1	Prognoserechnung (Erzeugnisse)	1	●				●			●					
	2	Prognoserechnung (Teile & Gruppen)	3	●				●	●							
	3	Grobplanung des Produktionsprog.	3	●		●	●		●							
	4	Grobplanung der Konstruktionserz.	2	●	●					●						
	5	Grobplanung der Standarderz.	1	●		●									●	
	6	Lieferterminbestimmung	1		●					●				●		
	7	Kundenauftragsverwaltung	1		●			●	●	●	●					
	8	Vorlaufsteuerung der Konstruktion	1		●					●			●			
	9	Vorlaufsteuerung der Arbeitsplanung	1		●	●	●			●			●			
2 Mengenplanung	1	Bruttobedarfsermittlung	1	●	●			●	●	●						
	2	Nettobedarfsermittlung	3	●	●			●	●	●	●					
	3	Beschaffungsrechnung	3	●	●				●	●		●		●	●	
	4	verbrauchsgesteuerte Bedarfsermittlg.	3	●	●				●		●	●				
	5	Bestandsführung	2	●												
	6	Bestandsreservierung	1	●	●			●	●	●	●	●				
	7	Bestellschreibung	3	●	●			●			●			●	●	
	8	Lieferantenauswahl	1		●			●						●	●	
	9	Bestellüberwachung	1	●				●			●	●		●		
3 Termin- u. Kapazitätsplanung	1	Durchlaufterminierung	1	●	●	●	●									
	2	Kapazitätsbedarfsrechnung	3	●		●	●	●					●			
	3	Kapazitätsabstimmung	3	●	●	●	●						●			
	4	Reihenfolgeplanung	2			●										●
	5	Kapazitätsangebotsermittlung	3			●	●									
4 Auftragsveranlassung	1	Werkstattauftragsfreigabe	3	●	●	●										
	2	Arbeitsbelegerstellung	1			●	●									
	3	Verfügbarkeitsprüfung	1	●	●			●	●	●		●				
	4	Arbeitsverteilanweisung	2	●		●	●						●			
	5	Steuerung des Materialtransportes	2	●		●	●					●				●
5 Auftragsüberwachung	1	Arbeitsfortschrittserfassung	1	●		●	●									
	2	Wareneingangserfassung	2	●				●				●				
	3	Kapazitätsüberwachung	3		●	●	●									
	4	Werkstattauftragsüberwachung	3	●	●	●	●									
	5	Kundenauftragsüberwachung	1		●	●		●		●	●					●
	6	Kundenauftragsbezug	1		●					●	●					●
Summe: 217		absolute Wichtigkeit WD_i	64	48	37	33	26	22	19	17	15	13	10	9	8	6
		relative Wichtigkeit W_i		0,22	0,17	0,15	0,12	0,10	0,09	0,08	0,07					

Abb. 49: Datei-/Funktionszuordnung zur Dateiermittlung

13.3.3 Spreadsheets des Tabellenkalkulationsprogramms

Die Abbildung 50 zeigt beispielhaft den Ausschnitt des angewendeten Tabellenkalkulationsprogramms. Die Feldbelegung ergibt sich aus einer Zuordnung in Matrizenform. Um nicht die vollständigen Spreadsheets darstellen zu müssen, ist die jeweilige Feldbelegung nachfolgend in Listenform aufgeführt.

	A	B	C	D	E	F	G	H	I
1									
2									
3									
4									
5									
6									
7									
8									
9									
10									
11									

Abb. 50: Beispiel für die Feldbelegung in einem Tabellenkalkulationsprogramm

Belegung der Felder für das Spreadsheet zur Ermittlung der Fehlerhaftigkeiten

Die Liste gibt einen Überblick über die Belegung der Felder des Spreadsheets zur **Untersuchung der Fehlerhaftigkeit**. Die Nummern der Felder entsprechen der Abbildung 50.

Die Felder ab Feld A7 können für die Untersuchung mehrer systemseitiger Datenfelder auf Fehlerhaftigkeit kopiert werden. Solange die Kopien ebenfalls in der 7. Zeile beginnen, ist eine Änderung der Formel in Feld B3 nicht erforderlich, da der ihr zugrundeliegende Bereich bis zur Spalte FL reicht.

Für die Untersuchung einer anderen Anzahl als zwölf betrieblicher Datenfelder können beliebig mehr oder weniger Werte in die entsprechenden Spalten eingegeben werden. Dies muß jedoch bei der Angabe des der Standardabweichung STDABW in Feld B9 und dem Mittelwert in Feld B11 zugrundeliegenden Bereiches berücksichtigt werden.

Feld:	Inhalt:
A1	k=
B1	Wert des Parameters k
C1	N=
D1	Anzahl der Datensätze der Datei
E1	Name der Datei
A2	d=
B2	Wert des Parameters d
C2	Anzahl=
D2	Anzahl der zu untersuchenden systemseitigen Datenfelder der Datei
A3	n_{ges}=
B3	+$B$1^2*$D$1*@SUMME($B$10..$FL$10)/($D$2^2*$D$1*B2^2+$B$1^2*$D$2*@SUMME($B$10..$FL$10)
A7	Bezeichnung des ersten zu untersuchenden systemseitigen Datenfeldes
A8	a=
B8	Wert des Genauigkeitsgrades für das erste systemseitige Datenfeld
A9	s=
B9	@STDABW(C17..C28)
A10	s2=
B10	+B9^2
A11	Fm=
B11	@MITTELWERT(C17..C28)
A12	n=
B12	+$B$3*B9/@SUMME($B$9..$FL$9)
A16	Real
B16	System
C16	Fehler
A17	Realwert für das erste untersuchte betriebliche Datenfeld
B17	Systemwert für das erste untersuchte betriebliche Datenfeld
C17	+$B$8*(A17-B17)^2/B17^2
.	
.	
.	
A28	Realwert für das zwölfte untersuchte betriebliche Datenfeld
B28	Systemwert für das zwölfte untersuchte betriebliche Datenfeld
C28	+$B$8*(A28-B28)^2/B28^2

<u>Belegung der Felder für das Spreadsheet zur Bestimmung des mittleren Informationsgehaltes je Datei</u>

Die Liste gibt einen Überblick über die Belegung der Felder des Spreadsheets zur **Bestimmung der mittleren Informationsgehalte für die einzelnen Dateien**. Die Nummern der Felder entsprechen ebenfalls der Abbildung 50.

Dargestellt ist der Bereich zur Bestimmung des mittleren Informationsgehaltes für eine Datei. Dieser Bereich kann für die Untersuchung weiterer Dateien beliebig kopiert werden.

Feld:	Inhalt:
A1	Informationsgehalt/Datei
A2	Seitenzahl
A5	Name der Datei
C7	A=
D7	Wert des Aktualitätsgrades
A8	Wi=
B8	Wert der relativen Wichtigkeit
C8	R=
D8	Wert des Relevanzgrades
A11	Kategorie
B11	Anzahl
C11	Anteil
E11	Zugriff
A13	A
B13	Anzahl der A-Datensätze
C13	0,8
E13	+C13/B13
A14	B
B14	Anzahl der B-Datensätze
C14	0,15
E14	+C14/B14
A15	C
B15	Anzahl der C-Datensätze
C15	0,05
E15	+C15/B15
A17	Ziele
B17	Anzahl
C17	Vielfache
D17	Produkt
E17	Zugriff
A19	0
B19	Anzahl der kein Ziel beeinflussenden systemseitigen Datenfelder
C19	1
D19	+B19*C19
E19	+C19/@SUMME(D$19..D$22)
A20	1
B20	Anzahl der ein Ziel beeinflussenden systemseitigen Datenfelder
C20	10
D20	+B20*C20
E20	+C20/@SUMME(D$19..D$22)
A21	2
B21	Anzahl der zwei Ziele beeinflussenden systemseitigen Datenfelder
C21	25
D21	+B21*C21
E21	+C21/@SUMME(D$19..D$22)
A22	3
B22	Anzahl der drei Ziele beeinflussenden systemseitigen Datenfelder
C22	50
D22	+B22*C22
E22	+C22/@SUMME(D$19..D$22)
A24	Klasse
B24	Anzahl

C24	p(x)
D24	Info
A25	A0
B25	+B$13*B19
C25	+E$13*E19
D25	+B25*C25*@LOG(1/C25)
A26	A1
B26	+B$13*B20
C26	+E$13*E20
D26	+B26*C26*@LOG(1/C26)
A27	A2
B27	+B$13*B21
C27	+E$13*E21
D27	+B27*C27*@LOG(1/C27)
A28	A3
B28	+B$13*B22
C28	+E$13*E22
D28	+B28*C28*@LOG(1/C28)
A29	B0
B29	+B$14*B19
C29	+E$14*E19
D29	+B29*C29*@LOG(1/C29)
A30	B1
B30	+B$14*B20
C30	+E$14*E20
D30	+B30*C30*@LOG(1/C30)
A31	B2
B31	+B$14*B21
C31	+E$14*E21
D31	+B31*C31*@LOG(1/C31)
A32	B3
B32	+B$14*B22
C32	+E$14*E22
D32	+B32*C32*@LOG(1/C32)
A33	C0
B33	+B$15*B19
C33	+E$15*E19
D33	+B33*C33*@LOG(1/C33)
A34	C1
B34	+B$15*B20
C34	+E$15*E20
D34	+B34*C34*@LOG(1/C34)
A35	C2
B35	+B$15*B21
C35	+E$15*E21
D35	+B35*C35*@LOG(1/C35)
A36	C3
B36	+B$15*B22
C36	+E$15*E22
D36	+B36*C36*@LOG(1/C36)
A37	Summe
B37	@SUMME(B25..B36)/(D$7*D$8)
A38	Imitdat
B38	@SUMME(D2..D36)
A39	Imaxdat
B39	@LOG(B37)
A40	Imitproz
B40	+B38*100/B39

<u>Belegung der Felder für das Spreadsheet zur Bestimmung des mittleren Informationsgehaltes für das Gesamtsystem</u>

Die nachstehende Liste gibt einen Überblick über die Belegung der Felder des Spreadsheets.

Dargestellt ist der Teilbereich für eine Datei des Spreadsheets zur Bestimmung des mittleren Informationsgehaltes für das Gesamtsystem. Dieser Bereich kann kopiert werden. Solange die Kopien im Arbeitsblatt auf gleicher Höhe angelegt werden, ergibt sich keine Änderung der Formel in B42, da der zugrundeliegende Bereich bis zur Spalte FL reicht.

Feld:	Inhalt:
A1	Informationsgehalt/Datei
A2	Seitenzahl
A5	Name der Datei
C7	A=
D7	Wert des Aktualitätsgrades
A8	Wi=
B8	Wert der relativen Wichtigkeit
C8	R=
D8	Wert des Relevanzgrades
A11	Kategorie
B11	Anzahl
C11	Anteil
E11	Zugriff
A13	A
B13	Anzahl der A-Datensätze
C13	0,8
E13	+C13/B13
A14	B
B14	Anzahl der B-Datensätze
C14	0,15
E14	+C14/B14
A15	C
B15	Anzahl der C-Datensätze
C15	0,05
E15	+C15/B15
A17	Ziele
B17	Anzahl
C17	Vielfache
D17	Produkt
E17	Zugriff
A19	0
B19	Anzahl der kein Ziel beeinflussenden systemseitigen Datenfelder
C19	1
D19	+B19*C19
E19	+C19/@SUMME(D$19..D$22)
A20	1
B20	Anzahl der ein Ziel beeinflussenden systemseitigen Datenfelder
C20	10
D20	+B20*C20
E20	+C20/@SUMME(D$19..D$22)

A21	2
B21	Anzahl der zwei Ziele beeinflussenden systemseitigen Datenfelder
C21	25
D21	+B21*C21
E21	+C21/@SUMME(D$19..D$22)
A22	3
B22	Anzahl der drei Ziele beeinflussenden systemseitigen Datenfelder
C22	50
D22	+B22*C22
E22	+C22/@SUMME(D$19..D$22)
A24	Klasse
B24	Anzahl
C24	p(x)
D24	Info
A25	A0
B25	+B$13*B19
C25	+E$13*E19*B$8
D25	+B25*C25*@LOG(1/C25)
A26	A1
B26	+B$13*B20
C26	+E$13*E20*B$8
D26	+B26*C26*@LOG(1/C26)
A27	A2
B27	+B$13*B21
C27	+E$13*E21*B$8
D27	+B27*C27*@LOG(1/C27)
A28	A3
B28	+B$13*B22
C28	+E$13*E22*B$8
D28	+B28*C28*@LOG(1/C28)
A29	B0
B29	+B$14*B19
C29	+E$14*E19*B$8
D29	+B29*C29*@LOG(1/C29)
A30	B1
B30	+B$14*B20
C30	+E$14*E20*B$8
D30	+B30*C30*@LOG(1/C30)
A31	B2
B31	+B$14*B21
C31	+E$14*E21*B$8
D31	+B31*C31*@LOG(1/C31)
A32	B3
B32	+B$14*B22
C32	+E$14*E22*B$8
D32	+B32*C32*@LOG(1/C32)
A33	C0
B33	+B$15*B19
C33	+E$15*E19*B$8
D33	+B33*C33*@LOG(1/C33)
A34	C1
B34	+B$15*B20
C34	+E$15*E20*B$8
D34	+B34*C34*@LOG(1/C34)
A35	C2
B35	+B$15*B21
C35	+E$15*E21*B$8

D35	+B35*C35*@LOG(1/C35)
A36	C3
B36	+B$15*B22
C36	+E$15*E22*B$8
D36	+B36*C36*@LOG(1/C36)
A37	Summe
B37	@SUMME(B25..B36)/(D$7*D$8)
A38	Imitdat
B38	@SUMME(D2..D36)
A39	Imaxdat
B39	@LOG(B37)
A40	Imitproz
B40	+B38*100/B39
A42	Imitsys
B42	@SUMME(A38..FL38)
A43	Imaxsys
B43	@LOG(@SUMME(A37..FL37))
A44	Imitproz
B44	+B42*100/B43

13.3.4 Ergebnisse für die einzelnen Dateien

Die nachfolgenden Tabellen enthalten die Prüfergebnisse für die jeweiligen Dateien. Zunächst werden die Ergebnisse für die Ermittlung des mittleren Informationsgehaltes einer Datei und anschließend die Ergebnisse für die Berechnung der Fehlerhaftigkeit der geprüften quantitativen Datenfelder innerhalb der jeweiligen Dateien aufgeführt.

Informationsgehalt der <u>Artikelstammdatei</u>

Relative Wichtigkeit:	$W_i = 0,22$
Relevanzgrad:	$R_i = 0,31$
Aktualitätsgrad:	$A_i = 0,15$

Kategorie	Anzahl	Anteil	Zugriffswahrscheinlichkeit
A	392	0,8	0,002040
B	2.741	0,15	0,000054
C	9.918	0,05	0,000005

Ziele	Anzahl	Vielfache	Zugriffswahrscheinlichkeit
0	27	1	0,002724
1	9	10	0,027247
2	4	25	0,068119
3	3	50	0,136239

Klasse	Anzahl	p(x)	Informationsgehalt
A0	10.584	0,000005	0,309277
A1	3.528	0,000055	0,834741
A2	1.568	0,000139	0,840745
A3	1.176	0,000278	1,162689
B0	74.007	0,000000	0,075333
B1	24.669	0,000001	0,214325
B2	10.964	0,000003	0,221875
B3	8.223	0,000007	0,314357
C0	267.786	0,000000	0,028920
C1	89.262	0,000000	0,084140
C2	39.672	0,000000	0,088067
C3	29.754	0,000000	0,125949

tatsächlicher mittlerer Informationsgehalt:	4,300424
maximal erreichbarer Informationsgehalt:	7,081659

Mittlere Fehlerhaftigkeit der Artikelstammdatei

Genauigkeitsanforderungen:	k = 1,96 d = 0,5
Anzahl untersuchte Datenfelder:	3
Anzahl Datensätze:	87.000
Gesamtprüfumfang:	31

Größte.-Bestellm.

Genauigkeitsgrad:	10
Streuung:	3,34
Fehlerhaftigkeit:	2,37
Prüfumfang:	7

Realw.	Sys.-W.	Fehler
35	50	0,9
100	80	0,63
4	4	0
100	100	0
5	3	4,44
1000	1000	0
10	7	1,84
10	15	1,11
350	500	0,9
10	5	10
2	2	0
7	100	8,65

Wiederbesch.-Zeit

Genauigkeitsgrad:	20
Streuung:	5,35
Fehlerhaftigkeit:	2,83
Prüfumfang:	11

Realw.	Sys.-W.	Fehler
3	3	0
3	4	1,25
4	3	2,22
1	1	0
4	5	0,80
3	3	0
5	4	1,25
3	3	0
3	2	5
4	3	2,22
2	1	20
5	4	1,25

Mindestbestand

Genauigkeitsgrad:	10
Streuung:	6,07
Fehlerhaftigkeit:	3,95
Prüfumfang:	13

Realw.	Sys.-W.	Fehler
15	10	2,5
10	15	1,11
1	1	0
10	10	0
1	1	0
25	20	0,63
5	10	2,5
5	10	2,5
25	10	22,5
1	1	0
2	1	10
10	10	0
10	25	3,6
20	10	10

Informationsgehalt der <u>Kundenauftragsdatei</u>

Relative Wichtigkeit: W_i = 0,17
Relevanzgrad: R_i = 0,22
Aktualitätsgrad: A_i = 0,92

Kategorie	Anzahl	Anteil	Zugriffswahrscheinlichkeit
A	460	0,8	0,001739
B	414	0,15	0,000362
C	3.726	0,05	0,000013

Ziele	Anzahl	Vielfache	Zugriffswahrscheinlichkeit
0	16	1	0,006622
1	6	10	0,066225
2	1	25	0,165562
3	1	50	0,331125

Klasse	Anzahl	p(x)	Informationsgehalt
A0	7.360	0,000011	0,418640
A1	2.760	0,000115	1,252019
A2	460	0,000287	0,468967
A3	460	0,000575	0,858191
B0	6.624	0,000002	0,089322
B1	2.484	0,000023	0,275357
B2	414	0,000059	0,104849
B3	414	0,000119	0,194747
C0	59.616	0,000000	0,037357
C1	22.356	0,000000	0,120223
C2	3.726	0,000002	0,046798
C3	3.726	0,000004	0,088613

tatsächlicher mittlerer Informationsgehalt: 3,955090
maximal erreichbarer Informationsgehalt: 5,736758

Mittlere Fehlerhaftigkeit der Kundenauftragsdatei/Stücklistenkopfdatei/Stücklistenpositionsdatei

Genauigkeitsanforderungen:	k = 1,96 d = 0,5
Anzahl untersuchte Datenfelder:	4
Anzahl Datensätze:	313.000
Gesamtprüfumfang:	835

Auslieferungsintervall(KW)

Genauigkeitsgrad:	1
Streuung:	0,10
Fehlerhaftigkeit:	0,09
Prüfumfang:	1

Realw.	Sys.-W.	Fehler
1	1	0
13	10	0,09
12	10	0,04
1	1	0
10	20	0,25
1	1	0
1	1	0
5	10	0,25
5	10	0,25
15	20	0,06
7	5	0,16
1	1	0

Vorlaufpufferung

Genauigkeitsgrad:	10
Streuung:	0,77
Fehlerhaftigkeit:	0,89
Prüfumfang:	2

Realw.	Sys.-W.	Fehler
1	1	0
3	5	1,6
3	5	1,6
1	1	0
7	5	1,6
1	1	0
1	1	0
3	5	1,6
10	15	1,11
3	5	1,6
3	5	1,6
1	1	0

Stücklistenkopf-Solltermin

Genauigkeitsgrad:	1
Streuung:	0,00
Fehlerhaftigkeit:	0,00
Prüfumfang:	1

Realw.	Sys.-W.	Fehler
885	875	0,00
930	930	0
980	877	0,01
900	893	0,00
905	897	0,00
915	904	0,00
945	935	0,00
925	915	0,00
920	923	0,00
910	891	0,00
925	922	0,00
915	894	0,00

Stücklistenposition-VLZ(KW)

Genauigkeitsgrad:	20
Streuung:	14,76
Fehlerhaftigkeit:	12,42
Prüfumfang:	831

Realw.	Sys.-W.	Fehler
1,5	1,5	0
1	1	5
4	2,5	7,2
2	1	20
1	2	5
1	2	5
3	1,5	20
1	2	5
2,5	2	1,25
4	1,5	55,55
2	1	20
3	2	5

Informationsgehalt der <u>Arbeitsplandatei</u>

Relative Wichtigkeit: $W_i = 0{,}15$
Relevanzgrad: $R_i = 0{,}41$
Aktualitätsgrad: $A_i = 0{,}43$

Kategorie	Anzahl	Anteil	Zugriffswahrscheinlichkeit
A	1.432	0,8	0,000558
B	2.864	0,15	0,000052
C	11.614	0,05	0,000004

Ziele	Anzahl	Vielfache	Zugriffswahrscheinlichkeit
0	13	1	0,010204
1	1	10	0,102040
2	3	25	0,255102
3	0	50	0,510204

Klasse	Anzahl	p(x)	Informationsgehalt
A0	18.616	0,000005	0,556514
A1	1.432	0,000057	0,346455
A2	4.296	0,000142	2,354779
A3	0	0,000285	0
B0	37.232	0,00000	0,124802
B1	2.864	0,000005	0,080695
B2	8.592	0,000013	0,559534
B3	0	0,000026	0
C0	150.982	0,000000	0,048798
C1	11614	0,000000	0,032434
C2	34.842	0,000001	0,228034
C3	0	0,000002	0

tatsächlicher mittlerer Informationsgehalt: 4,332048
maximal erreichbarer Informationsgehalt: 6,185866

Mittlere Fehlerhaftigkeit Arbeitsplandatei

Genauigkeitsanforderungen:	k = 1,96 d = 0,5
Anzahl untersuchte Datenfelder:	4
Anzahl Datensätze:	37.000
Gesamtprüfumfang:	3.417

Zeitfaktor

Genauigkeitsgrad:	10
Streuung:	0,08
Fehlerhaftigkeit:	0,06
Prüfumfang:	4

Realw.	Sys.-W.	Fehler
1,2	1,3	0,06
1,3	1,3	0
1,3	1,3	0
1,5	1,5	0
1,3	1,3	0
1,1	1	0,1
1,2	1,15	0,02
1,5	1,3	0,24
1,3	1,3	0
1,3	1,5	0,18
1	1,1	0,08
1,3	1,3	0

Vorgabezeit

Genauigkeitsgrad:	10
Streuung:	0,15
Fehlerhaftigkeit:	0,11
Prüfumfang:	8

Realw.	Sys.-W.	Fehler
10,3	10,3	0
4,5	4,5	0
13,5	15	0,1
3	3	0
3	2,5	0,4
1,8	1,8	0
2,4	2,4	0
0,7	0,6	0,28
1,5	1,5	0
10	9	0,12
50	42	0,36
13	13	0

Rüstzeit

Genauigkeitsgrad:	10
Streuung:	0,21
Fehlerhaftigkeit:	0,19
Prüfumfang:	12

Realw.	Sys.-W.	Fehler
25	25	0
12	10	0,4
25	30	0,28
30	30	0
20	20	0
50	40	0,625
40	50	0,4
12	10	0,4
20	20	0
10	10	0
17	15	0,18
30	30	0

TW-Zeit

Genauigkeitsgrad:	20
Streuung:	62,61
Fehlerhaftigkeit:	188,45
Prüfumfang:	3.393

Realw.	Sys.-W.	Fehler
8	2	180
9	2	245
12	3	180
11	2,5	231,2
5	1	320
12	3	180
6	2	80
7	2	125
4	1	180
17	5	115,2
9	2	245
8	2	180

Informationsgehalt der Bearbeitungsplatzdatei

Relative Wichtigkeit: $W_i = 0{,}12$
Relevanzgrad: $R_i = 0{,}34$
Aktualitätsgrad: $A_i = 0{,}84$

Kategorie	Anzahl	Anteil	Zugriffswahrscheinlichkeit
A	40	0,8	0,020000
B	66	0,15	0,002272
C	398	0,05	0,000125

Ziele	Anzahl	Vielfache	Zugriffswahrscheinlichkeit
0	12	1	0,006172
1	5	10	0,061728
2	2	25	0,154320
3	1	50	0,308641

Klasse	Anzahl	p(x)	Informationsgehalt
A0	480	0,000123	0,231613
A1	200	0,001234	0,718144
A2	80	0,003086	0,619887
A3	40	0,006172	0,545559
B0	792	0,000014	0,053921
B1	330	0,000140	0,178378
B2	132	0,000350	0,159954
B3	66	0,000701	0,146018
C0	4.776	0,000000	0,022631
C1	1.990	0,000007	0,078864
C2	796	0,000019	0,072723
C3	398	0,000038	0,068078

tatsächlicher mittlerer Informationsgehalt: 2,895776
maximal erreichbarer Informationsgehalt: 4,547702

Mittlere Fehlerhaftigkeit Bearbeitungsplatzdatei

Genauigkeitsanforderungen: k = 1,96 d = 0,5
Anzahl untersuchte Datenfelder: 4
Anzahl Datensätze: 600
Gesamtprüfumfang: 3

Schichtdauer

Genauigkeitsgrad: 1
Streuung: 0
Fehlerhaftigkeit: 0,004
Prüfumfang: 0

Realw.	Sys.-W.	Fehler
7,5	8	0,004
7,5	8	0,004
7,5	8	0,004
7,5	8	0,004
7,5	8	0,004
7,5	8	0,004
7,5	8	0,004
7,5	8	0,004
7,5	8	0,004
7,5	8	0,004
7,5	8	0,004
7,5	8	0,004

Schichtkapazität

Genauigkeitsgrad: 1
Streuung: 0,04
Fehlerhaftigkeit: 0,04
Prüfumfang: 1

Realw.	Sys.-W.	Fehler
8	8	0
6,5	8	0,04
19	24	0,04
14	16	0,02
15	16	0,00
7	8	0,02
6	8	0,06
10	16	0,14
7	8	0,02
6	8	0,06
6,5	8	0,04
7	8	0,02

Wochenkapazität

Genauigkeitsgrad: 20
Streuung: 0,03
Fehlerhaftigkeit: 0,09
Prüfumfang: 1

Realw.	Sys.-W.	Fehler
37	40	0,11
37	40	0,11
124	120	0,22
76	80	0,05
76	80	0,05
37	40	0,11
37	40	0,11
76	80	0,05
37	40	0,11
37	40	0,11
37	40	0,11
37	40	0,11

Maximale Differenz

Genauigkeitsgrad: 10
Streuung: 0,13
Fehlerhaftigkeit: 0,11
Prüfumfang: 1

Realw.	Sys.-W.	Fehler
1,5	1,5	0
1,2	1,5	0,4
1,4	1,5	0,04
1,4	1,2	0,28
1,6	1,5	0,04
1,3	1,2	0,07
1,3	1,3	0,07
1,4	1,5	0,04
1,3	1,5	0,18
1,1	1,3	0,24
1,2	1,2	0
1,4	1,5	0,11

Informationsgehalt je Datei <u>Stücklistenkopfdatei</u>

Relative Wichtigkeit: $W_i = 0{,}08$
Relevanzgrad: $R_i = 0{,}67$
Aktualitätsgrad: $A_i = 0{,}18$

Kategorie	Anzahl	Anteil	Zugriffswahrscheinlichkeit
A	3.823	0,8	0,000209
B	5.522	0,15	0,00027
C	33.134	0,05	0,000001

Ziele	Anzahl	Vielfache	Zugriffswahrscheinlichkeit
0	14	1	0,007462
1	2	10	0,074626
2	2	25	0,186567
3	1	50	0,373134

Klasse	Anzahl	p(x)	Informationsgehalt
A0	53.522	0,000001	0,485312
A1	7.646	0,000015	0,573900
A2	7.646	0,000039	1,315963
A3	3.823	0,000078	1,226104
B0	77.308	0,000000	0,104892
B1	11.044	0,000002	0,127457
B2	11.044	0,000005	0,296371
B3	5.522	0,000010	0,279522
C0	463.876	0,000000	0,041521
C1	66.268	0,000000	0,051853
C2	66.268	0,000000	0,122210
C3	33.134	0,000000	0,116594

tatsächlicher mittlerer Informationsgehalt: 4,741705
maximal erreichbarer Informationsgehalt: 6,825580

Informationsgehalt der <u>Bestelldatei</u>

Relative Wichtigkeit: $W_i = 0,10$
Relevanzgrad: $R_i = 0,45$
Aktualitätsgrad: $A_i = 0,78$

Kategorie	Anzahl	Anteil	Zugriffswahrscheinlichkeit
A	211	0,8	0,003791
B	842	0,15	0,000178
C	5.967	0,05	0,000008

Ziele	Anzahl	Vielfache	Zugriffswahrscheinlichkeit
0	16	1	0,007352
1	2	10	0,073529
2	2	25	0,183823
3	1	50	0,367647

Klasse	Anzahl	p(x)	Informationsgehalt
A0	3.376	0,000027	0,428680
A1	422	0,000278	0,418203
A2	422	0,000696	0,928468
A3	211	0,001393	0,839929
B0	13.472	0,000001	0,103813
B1	1.684	0,000013	0,107707
B2	1.684	0,000032	0,247324
B3	842	0,000065	0,230723
C0	95.472	0,000000	0,042413
C1	11.934	0,000000	0,045664
C2	11.934	0,000001	0,106845
C3	5.967	0,000003	0,101311

tatsächlicher mittlerer Informationsgehalt: 3,601086
maximal erreichbarer Informationsgehalt: 5,623249

Informationsgehalt der <u>Stücklistenpositionsdatei</u>

Relative Wichtigkeit: $W_i = 0,09$
Relevanzgrad: $R_i = 0,56$
Aktualitätsgrad: $A_i = 0,21$

Kategorie	Anzahl	Anteil	Zugriffswahrscheinlichkeit
A	529	0,8	0,001512
B	970	0,15	0,000154
C	7321	0,05	0,000006

Ziele	Anzahl	Vielfache	Zugriffswahrscheinlichkeit
0	8	1	0,005780
1	4	10	0,057803
2	1	25	0,144508
3	2	50	0,289017

Klasse	Anzahl	p(x)	Informationsgehalt
A0	4.232	0,000008	0,187131
A1	2.116	0,000087	0,750688
A2	529	0,000218	0,423175
A3	1.058	0,000437	1,553499
B0	7.760	0,000000	0,041956
B1	3.880	0,000008	0,175100
B2	970	0,000022	0,100811
B3	1.940	0,000044	0,377146
C0	58.586	0,000000	0,017118
C1	29.284	0,000000	0,074030
C2	7.321	0,000000	0,043393
C3	14.642	0,000001	0,164875

tatsächlicher mittlerer Informationsgehalt: 3,908928
maximal erreichbarer Informationsgehalt: 6,051152

Informationsgehalt der <u>Kundendatei</u>

Relative Wichtigkeit:	W_i = 0,07
Relevanzgrad:	R_i = 0,28
Aktualitätsgrad:	A_i = 0,64

Kategorie	Anzahl	Anteil	Zugriffswahrscheinlichkeit
A	141	0,8	0,005673
B	563	0,15	0,000266
C	2.816	0,05	0,000017

Ziele	Anzahl	Vielfache	Zugriffswahrscheinlichkeit
0	45	1	0,008695
1	2	10	0,086956
2	2	25	0,217391
3	0	50	0,434782

Klasse	Anzahl	p(x)	Informationsgehalt
A0	6.345	0,000049	1,348224
A1	282	0,000493	0,460080
A2	282	0,001233	1,011786
A3	0	0,002466	0
B0	25.335	0,000002	0,330756
B1	1.126	0,000023	0,120916
B2	1.126	0,000057	0,276337
B3	0	0,000115	0
C0	126.720	0,000000	0,133265
C1	5.632	0,000001	0,050533
C2	5.632	0,000003	0,117683
C3	0	0,000007	0

tatsächlicher mittlerer Informationsgehalt:	3,849583
maximal erreichbarer Informationsgehalt:	5,983400

13.3.5 Ergebnisse für das Gesamtsystem

Die nachfolgenden Tabellen enthalten ebenfalls die Prüfergebnisse für die jeweiligen Dateien. Nur berechnet sich hier die Zugriffswahrscheinlichkeit aus der Summe aller Wahrscheinlichkeiten über sämtliche Daten des Gesamtsystem. Infolgedessen wird der Informationsbeitrag einer jeden Datei zu dem gesamten Informationsgehalt errechnet.

Informationsbeitrag der Artikelstammdatei

Relative Wichtigkeit: $W_i = 0,22$
Relevanzgrad: $R_i = 0,31$
Aktualitätsgrad: $A_i = 0,15$

Kategorie	Anzahl	Anteil	Zugriffswahrscheinlichkeit
A	392	0,8	0,002040
B	2.741	0,15	0,000054
C	9.918	0,05	0,000005

Ziele	Anzahl	Vielfache	Zugriffswahrscheinlichkeit
0	27	1	0,002724
1	9	10	0,027247
2	4	25	0,068119
3	3	50	0,136239

Klasse	Anzahl	p(x)	Informationsgehalt
A0	10.584	0,000001	0,076555
A1	3.528	0,000012	0,212024
A2	1.568	0,000030	0,216499
A3	1.176	0,000061	0,303094
B0	74.007	0,000000	0,018169
B1	24.669	0,000000	0,052473
B2	10.964	0,000000	0,054725
B3	8.223	0,000001	0,078027
C0	267.786	0,000000	0,006894
C1	89.262	0,000000	0,020284
C2	39.672	0,000000	0,021345
C3	29.754	0,000000	0,030665

tatsächlicher mittlerer Informationsbeitrag: 1,090760
maximal erreichbarer Informationsgehalt: 7,081659

Informationsbeitrag der Kundenauftragsdatei

Relative Wichtigkeit: $W_i = 0,17$
Relevanzgrad: $R_i = 0,22$
Aktualitätsgrad: $A_i = 0,92$

Kategorie	Anzahl	Anteil	Zugriffswahrscheinlichkeit
A	460	0,8	0,001739
B	414	0,15	0,000362
C	3.726	0,05	0,000013

Ziele	Anzahl	Vielfache	Zugriffswahrscheinlichkeit
0	16	1	0,006622
1	6	10	0,066225
2	1	25	0,165562
3	1	50	0,331125

Klasse	Anzahl	p(x)	Informationsgehalt
A0	7.360	0,000001	0,082258
A1	2.760	0,000019	0,254429
A2	460	0,000048	0,097052
A3	460	0,000097	0,180547
B0	6.624	0,000000	0,017264
B1	2.484	0,000004	0,054608
B2	414	0,000010	0,021073
B3	414	0,000020	0,039604
C0	59.616	0,000000	0,007043
C1	22.356	0,000000	0,023037
C2	3.726	0,000000	0,009038
C3	3.726	0,000000	0,017230

tatsächlicher mittlerer Informationsbeitrag: 0,803189
maximal erreichbarer Informationsgehalt: 5,736758

Informationsbeitrag der <u>Arbeitsplandatei</u>

Relative Wichtigkeit: $W_i = 0{,}15$
Relevanzgrad: $R_i = 0{,}41$
Aktualitätsgrad: $A_i = 0{,}43$

Kategorie	Anzahl	Anteil	Zugriffswahrscheinlichkeit
A	1.432	0,8	0,000558
B	2.864	0,15	0,000052
C	11.614	0,05	0,000004

Ziele	Anzahl	Vielfache	Zugriffswahrscheinlichkeit
0	13	1	0,010204
1	1	10	0,102040
2	3	25	0,255102
3	0	50	0,510204

Klasse	Anzahl	p(x)	Informationsgehalt
A0	18.616	0,000000	0,096592
A1	1.432	0,000008	0,062056
A2	4.296	0,000021	0,428881
A3	0	0,000042	0
B0	37.232	0,000000	0,021179
B1	2.864	0,000000	0,013995
B2	8.592	0,000002	0,098117
B3	0	0,000004	0
C0	150.982	0,000000	0,008139
C1	11614	0,000000	0,005495
C2	34.842	0,000000	0,038934
C3	0	0,000000	0

tatsächlicher mittlerer Informationsbeitrag:	0,773393
maximal erreichbarer Informationsgehalt:	6,185866

Informationsbeitrag der <u>Bearbeitungsplatzdatei</u>

Relative Wichtigkeit: $W_i = 0,12$
Relevanzgrad: $R_i = 0,34$
Aktualitätsgrad: $A_i = 0,84$

Kategorie	Anzahl	Anteil	Zugriffswahrscheinlichkeit
A	40	0,8	0,020000
B	66	0,15	0,002272
C	398	0,05	0,000125

Ziele	Anzahl	Vielfache	Zugriffswahrscheinlichkeit
0	12	1	0,006172
1	5	10	0,061728
2	2	25	0,154320
3	1	50	0,308641

Klasse	Anzahl	p(x)	Informationsgehalt
A0	480	0,000014	0,034341
A1	200	0,000148	0,113460
A2	80	0,000370	0,101670
A3	40	0,000740	0,092750
B0	792	0,000001	0,007698
B1	330	0,000016	0,026521
B2	132	0,000042	0,024310
B3	66	0,000084	0,022637
C0	4.776	0,000000	0,003124
C1	1.990	0,000000	0,011168
C2	796	0,000002	0,010432
C3	398	0,000004	0,009874

tatsächlicher mittlerer Informationsbeitrag: 0,457991
maximal erreichbarer Informationsgehalt: 4,547702

Informationsbeitrag Stücklistenkopfdatei

Relative Wichtigkeit: $W_i = 0{,}08$
Relevanzgrad: $R_i = 0{,}67$
Aktualitätsgrad: $A_i = 0{,}18$

Kategorie	Anzahl	Anteil	Zugriffswahrscheinlichkeit
A	3.823	0,8	0,000209
B	5.522	0,15	0,000027
C	33.134	0,05	0,000001

Ziele	Anzahl	Vielfache	Zugriffswahrscheinlichkeit
0	14	1	0,007462
1	2	10	0,074626
2	2	25	0,186567
3	1	50	0,373134

Klasse	Anzahl	p(x)	Informationsgehalt
A0	53.522	0,000000	0,046159
A1	7.646	0,000001	0,056390
A2	7.646	0,000003	0,131471
A3	3.823	0,000006	0,124283
B0	77.308	0,000000	0,009766
B1	11.044	0,000000	0,012161
B2	11.044	0,000000	0,028621
B3	5.522	0,000000	0,027273
C0	463.876	0,000000	0,003780
C1	66.268	0,000000	0,004830
C2	66.268	0,000000	0,011413
C3	33.134	0,000000	0,010964

tatsächlicher mittlerer Informationsbeitrag: 0,467089
maximal erreichbarer Informationsgehalt: 6,825580

Informationsbeitrag der Bestelldatei

Relative Wichtigkeit: $W_i = 0,10$
Relevanzgrad: $R_i = 0,45$
Aktualitätsgrad: $A_i = 0,78$

Kategorie	Anzahl	Anteil	Zugriffswahrscheinlichkeit
A	211	0,8	0,003791
B	842	0,15	0,000178
C	5.967	0,05	0,000008

Ziele	Anzahl	Vielfache	Zugriffswahrscheinlichkeit
0	16	1	0,007352
1	2	10	0,073529
2	2	25	0,183823
3	1	50	0,367647

Klasse	Anzahl	p(x)	Informationsgehalt
A0	3.376	0,000002	0,052279
A1	422	0,000027	0,053585
A2	422	0,000069	0,122258
A3	211	0,000139	0,113404
B0	13.472	0,000000	0,012146
B1	1.684	0,000001	0,012976
B2	1.684	0,000003	0,030247
B3	842	0,000006	0,028587
C0	95.472	0,000000	0,004829
C1	11.934	0,000000	0,005301
C2	11.934	0,000000	0,012522
C3	5.967	0,000000	0,011969

tatsächlicher mittlerer Informationsbeitrag: 0,460108
maximal erreichbarer Informationsgehalt: 5,623249

Informationsbeitrag der <u>Stücklistenpositionsdatei</u>

Relative Wichtigkeit: W_i = 0,09
Relevanzgrad: R_i = 0,56
Aktualitätsgrad: A_i = 0,21

Kategorie	Anzahl	Anteil	Zugriffswahrscheinlichkeit
A	529	0,8	0,001512
B	970	0,15	0,000154
C	7321	0,05	0,000006

Ziele	Anzahl	Vielfache	Zugriffswahrscheinlichkeit
0	8	1	0,005780
1	4	10	0,057803
2	1	25	0,144508
3	2	50	0,289017

Klasse	Anzahl	p(x)	Informationsgehalt
A0	4.232	0,000000	0,020323
A1	2.116	0,000007	0,084971
A2	529	0,000019	0,048966
A3	1.058	0,000039	0,183337
B0	7.760	0,000000	0,004428
B1	3.880	0,000000	0,019023
B2	970	0,000002	0,011113
B3	1.940	0,000004	0,042103
C0	58.586	0,000000	0,001758
C1	29.284	0,000000	0,007750
C2	7.321	0,000000	0,004585
C3	14.642	0,000000	0,017558

tatsächlicher mittlerer Informationsbeitrag: 0,445921
maximal erreichbarer Informationsgehalt: 6,051152

Informationsbeitrag der Kundendatei

Relative Wichtigkeit: W_i = 0,07
Relevanzgrad: R_i = 0,28
Aktualitätsgrad: A_i = 0,64

Kategorie	Anzahl	Anteil	Zugriffswahrscheinlichkeit
A	141	0,8	0,005673
B	563	0,15	0,000266
C	2.816	0,05	0,000017

Ziele	Anzahl	Vielfache	Zugriffswahrscheinlichkeit
0	45	1	0,008695
1	2	10	0,086956
2	2	25	0,217391
3	0	50	0,434782

Klasse	Anzahl	p(x)	Informationsgehalt
A0	6.345	0,000003	0,119683
A1	282	0,000034	0,043453
A2	282	0,000086	0,098944
A3	0	0,000172	0
B0	25.335	0,000000	0,027898
B1	1.126	0,000001	0,010573
B2	1.126	0,000004	0,024616
B3	0	0,000008	0
C0	126.720	0,000000	0,010910
C1	5.632	0,000000	0,004240
C2	5.632	0,000000	0,009995
C3	0	0,000000	0

tatsächlicher mittlerer Informationsbeitrag: 0,350314
maximal erreichbarer Informationsgehalt: 5,983400

FIR + IAW
Forschung für die Praxis

Berichte aus dem Forschungsinstitut für Rationalisierung (FIR), Aachen, und dem Lehrstuhl und Institut für Arbeitswissenschaft (IAW) der Rheinisch-Westfälischen Technischen Hochschule Aachen.

Herausgeber: Univ.-Prof. Dr.-Ing. R. Hackstein

1 **Qualitätszirkel und andere Gruppenaktivitäten**
Von F. J. Heeg. ISBN 3-540-15498-1.
1985, 232 Seiten mit 45 Abbildungen und 17 Tabellen 68,- DM

2 **Planung und Auslegung von Palettenlagern**
Von P. Bauer. ISBN 3-540-15499-X.
1985, 148 Seiten mit 42 Abbildungen und 8 Tabellen 68,- DM

3 **Kennzahlen in der Distribution**
Von W. Konen. ISBN 3-540-15624-0.
1985, 150 Seiten mit 9 Abbildungen und 7 Tabellen 68,- DM

4 **Personalbedarf der Arbeitsplanung**
Von P. Bresser. ISBN 3-540-15625-9.
1985, 179 Seiten mit 65 Abbildungen und 6 Tabellen 68,- DM

5 **Analyse und Grobprojektierung von Logistik-Informationssystemen**
Von O. Gast. ISBN 3-540-15626-7.
1985, 187 Seiten mit 68 Abbildungen und 20 Tabellen 68,- DM

6 **Flexibilität in der Fertigung**
Von R. Grob. ISBN 3-540-16159-7.
1986, 158 Seiten mit 25 Abbildungen und 20 Tabellen 68,- DM

7 **Rechnergestützte Planung von Durchlaufregallagern**
Von E.-J. Ribbert. ISBN 3-540-16160-0.
1986, 154 Seiten mit 30 Abbildungen und 7 Tabellen 68,- DM

8 **Wirtschaftliche Arbeitsplanung in der Instandhaltung**
Von W. Jütting. ISBN 3-540-16701-3.
1986, 145 Seiten mit 40 Abbildungen 68,- DM

9 **Planung des Personalbedarfs in indirekten Bereichen**
Von K. Hemmers. ISBN 3-540-16702-1.
1986, 149 Seiten mit 73 Abbildungen 68,- DM

10 **Organisatorische Gestaltung einer zentralen Werkstattsteuerung**
Von M. Strack. ISBN 3-540-17570-9.
1987, 150 Seiten mit 48 Abbildungen 68,- DM

11 **Planzeiten für Konstruktion und Arbeitsplanung**
Von K.-G. Konrad. ISBN 3-540-18040-0.
1987, 151 Seiten mit 49 Abbildungen 68,- DM

12 **Integrierte Produktionsplanung**
Von E. Gillessen. ISBN 3-540-18614-X.
1988, 149 Seiten mit 45 Abbildungen 68,- DM

13 **Einführung von Informations- und Kommunikationstechnologie**
Von R. Junker. ISBN 3-540-18845-2
1988, 157 Seiten mit 26 Abbildungen und 42 Tabellen 68,- DM

14 **Personal Computer in kleinen Produktionsunternehmen**
Von H. Hoff. ISBN 3-540-19407-X.
1988, 158 Seiten mit 64 Abbildungen 68,- DM

15 **Betriebsdatenerfassung in Konstruktion und Arbeitsplanung**
Von M. Virnich. ISBN 3-540-19408-8.
1988, 194 Seiten mit 50 Abbildungen 68,- DM

16 **Informationswesen in der Instandhaltung**
Von W. Klein. ISBN 3-540-50177-0.
1988, 152 Seiten mit 61 Abbildungen 68,- DM

17 **EDV-gestützte Instandhaltung**
Von J. Weingärtner. ISBN 3-540-50178-9.
1988, 171 Seiten mit 52 Abbildungen 68,- DM

18 **Termin- und Kapazitätsplanung der Arbeitsplanung**
Von G. Steger. ISBN 3-540-50179-7.
1988, 195 Seiten mit 99 Abbildungen 68,- DM

19 **Integration von flexiblen Fertigungszellen in die PPS**
Von H.-U. Förster. ISBN 3-540-50181-9.
1988, 179 Seiten mit 78 Abbildungen 68,- DM

20 **Bestimmung des Automatisierungsgrades der rechnergestützten NC-Programmierung**
Von V. Pfennig. ISBN 3-540-50229-7.
1988, 150 Seiten mit 59 Abbildungen 68,- DM

21 **Auswahl und Beurteilung EDV-gestützter IPS-Systeme**
Von U. Breer. ISBN 3-540-50747-7.
1989, 158 Seiten mit 58 Abbildungen und 23 Tabellen 68,- DM

22 **Sicherheit bei Instandhaltungsarbeiten**
Von P. Hartung. ISBN 3-540-50748-5.
1989, 189 Seiten mit 81 Abbildungen 68,- DM

23 **Die Computersimulation – Instrumentarium zur Gestaltung komplexer Arbeitssysteme**
Von F.-J. Gaksch. ISBN 3-540-51536-4.
1989, 172 Seiten mit 64 Abbildungen und 23 Tabellen 68,- DM

24 **Rechnergestützte Konstruktionsarbeit – Humane und wirtschaftliche Gestaltung von Organisation, Technik und Qualifikation**
Von S. Schreuder. ISBN 3-540-51660-3.
1989, 190 Seiten mit 67 Abbildungen und 16 Tabellen 68,- DM

25 **Rechnergestützte Produktionsplanung und -steuerung – Effizienzorientierte Auswahl anpaßbarer Standardsoftware**
Von E. Miessen. ISBN 3-540-51829-0.
1989, 190 Seiten mit 24 Abbildungen und 7 Tabellen 68,- DM

26 **Materialflußorientierte Termin- und Kapazitätsplanung – Ein Konzept für Serienfertiger**
Von K. Treutlein. ISBN 3-540-51872-X.
1990, 176 Seiten mit 56 Abbildungen und 5 Tabellen 68,- DM

27 **Konzepte der CAD / PPS-Kopplung**
Von M. Braun. ISBN 3-540-52492-4.
1990, 228 Seiten mit 67 Abbildungen 68,- DM

28 **Arbeitsorganisation bei Einsatz einer CAD / NC-Kopplung**
Von Th. Scheller. ISBN 3-540-52750-8.
1990, 133 Seiten mit 51 Abbildungen und 3 Tabellen 68,- DM

29 **Optimale Datenintegration bei rechnerintegrierter Produktion**
Von E. Köhl. ISBN 3-540-52756-7.
1990, 144 Seiten mit 61 Abbildungen 68,- DM

30 **PPS beim Einsatz flexibler Fertigungssysteme – Voraussetzungen und Gestaltungshinweise für eine effiziente Auftragsabwicklung**
Von K. Hirt. ISBN 3-540-52757-5.
1990, 227 Seiten mit 109 Abbildungen 68,- DM

31 **Kennzahlen für die Logistik**
Von A. Syska. ISBN 3-540-53296-X.
1990, 220 Seiten mit 61 Abbildungen 68,- DM

32 **Grundlagen der Investitionsentscheidung über automatische Formanlagen**
Von K.-B. Bentler. ISBN 3-540-53297-8.
1990, 107 Seiten mit 32 Abbildungen und 5 Tabellen 68,- DM

33 **Ganzheitliche Produktionsplanung und –steuerung – Konzepte für Produktionsunternehmen mit kombinierter kundenanonymer und kundenbezogener Auftragsabwicklung**
Von W. Büdenbender. ISBN 3-540-53642-6.
1991, 182 Seiten mit 58 Abbildungen 68,- DM

34 **Produktivitätsbestimmung in indirekten Bereichen**
Von U. Michaelis. ISBN 3-540-53823-2.
1991, 166 Seiten mit 41 Abbildungen und 1 Tabelle 68,- DM

35 **EDV-gestützte Planung und Steuerung der Arbeitsplanung**
Von L.-O. Schnier. ISBN 3-540-53888-7.
1991, 168 Seiten mit 56 Abbildungen 68,- DM

36 **Spracheingabe zur Programmierung von Schweißrobotern**
Von B. Scherff. ISBN 3-540-53953-0.
1991, 164 Seiten mit 54 Abbildungen und 6 Tabellen 68,- DM

37 **DISKOVER – Neuartiges Dispositionsverfahren zur Bestandsreduzierung**
Von R. Huhndorf. ISBN 3-540-54007-5.
1991, 132 Seiten mit 80 Abbildungen 68,- DM

38 **Anlagenorientierte Personalbedarfsplanung für kontinuierliche Fertigungsprozesse**
Von B. Sent. ISBN 3-540-54116-0.
1991, 139 Seiten mit 23 Abbildungen 68,- DM

39 **Anwenderorientierte Dezentralisierung von PPS-Systemen**
Von G.-A. Kemmner. ISBN 3-540-54117-9.
1991, 209 Seiten mit 101 Abbildungen 68,- DM

40 **DISKOVER II – Ganzheitliche Bestimmung von Sicherheitsbeständen**
Von H. Abels. ISBN 3-540-54285-2.
1991, 110 Seiten mit 34 Abbildungen 68,- DM

41 **Qualität von PPS-Systemen – Ein Verfahren zur Analyse des Informationsgehaltes**
Von F. Frhr. v. Loeffelholz. ISBN 3-540-54181-0.
1991, 161 Seiten mit 50 Abbildungen 68,- DM

GPSR Compliance

The European Union's (EU) General Product Safety Regulation (GPSR) is a set of rules that requires consumer products to be safe and our obligations to ensure this.

If you have any concerns about our products, you can contact us on ProductSafety@springernature.com

In case Publisher is established outside the EU, the EU authorized representative is:

Springer Nature Customer Service Center GmbH
Europaplatz 3
69115 Heidelberg, Germany

Batch number: 10844639

Printed by Printforce, the Netherlands